無料ダウンロード
毎日のドリル
勉強管理アプリ
アプリといっしょだと，ドリルが楽しく進む!?
今日の分の毎ドリ終わった？
コンコン
ぼくのへや
今やってるところー
うそはいけないっきゅ！
わっ!?
だれ!?
どこから来たの!?
キミの毎ドリが進むようにすばらしいものを持ってきたっきゅ
なになに？
とりあえずやってみるっきゅ
ストップウォッチスタート!!
おっ！
時間をはかってくれるんだ！
0分21秒
目標：15分00秒
よーしっ!!
できたーーっ!!
いつもよりどんどん解けた気がする！
時間を意識してるから集中できるんだっきゅ！
さらに！
得点をアプリに入力するとグラフになるんだ！
すつげー!!
この「1」ってなんだろ？
タッチしてみるっきゅ
ポン
一回終わるごとにぼくがエサを食べられるんだっきゅ
ドリルを進めるとかっこい
すてきな
手に入っ
よーし
あしたもがんばるぞ！
二か月後
よっしゃー!!
ドリルが終わったぞ！
一冊やりきったら賞状とメダルがもらえたよ！
賞状 ぼくどの
あなたは、3年「かけ算」をしゅうりょうしましたので、ここにこれをしょうしょうします。たいへん、すばらしいです！
次はどのドリルに挑戦しようかな！

毎日のドリル 勉強管理アプリ

「毎日のドリル」シリーズ専用，スマートフォン・タブレットで使える無料アプリです。
1つのアプリでシリーズすべてを管理でき，学習習慣が楽しく身につきます。

1 「毎日のドリル」の学習を徹底サポート！

毎日の勉強タイムをお知らせする「タイマー」

かかった時間を計る「ストップウォッチ」

勉強した日を記録する「カレンダー」

入力した得点を「グラフ化」

2 キャラクターと楽しく学べる！

好きなキャラクターを選ぶことができます。勉強をがんばるとキャラクターが育ち，「ひみつ」や「ワザ」が増えます。

3 1冊終わると，ごほうびがもらえる！

ドリルが1冊終わるごとに，賞状やメダル，称号がもらえます。

4 漢字と英単語のゲームにチャレンジ！

ゲームで，どこでも手軽に，楽しく勉強できます。漢字は学年別，英単語はレベル別に構成されており，ドリルで勉強した内容の確認にもなります。

アプリの無料ダウンロードはこちらから！

https://gakken-ep.jp/extra/maidori/

【推奨環境】
- 各種Android端末：対応OS Android6.0以上　※対応OSであっても，Intel CPU（x86 Atom）搭載の端末では正しく動作しない場合があります。
- 各種iOS（iPadOS）端末：対応OS iOS10以上　※対応OS や対応機種については，各ストアでご確認ください。

※お客様のネット環境および携帯端末によりアプリをご利用できない場合，当社は責任を負いかねます。
また，事前の予告なく，サービスの提供を中止する場合があります。ご理解，ご了承いただきますよう，お願いいたします。

やりきれるから自信がつく！

✓ 1日1枚の勉強で，学習習慣が定着！

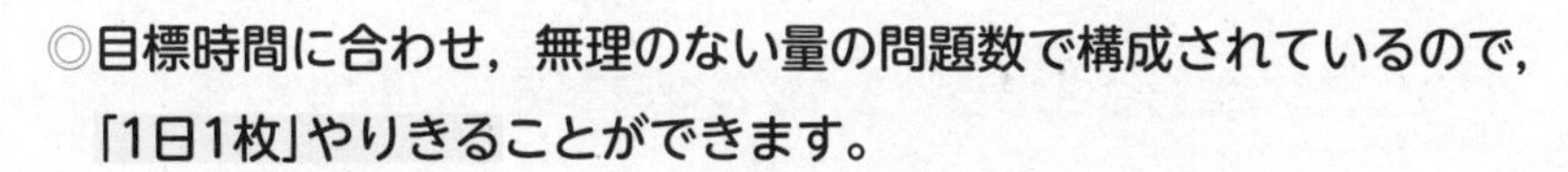

◎目標時間に合わせ，無理のない量の問題数で構成されているので，「1日1枚」やりきることができます。

◎解説が丁寧なので，まだ学校で習っていない内容でも勉強を進めることができます。

✓ すべての学習の土台となる「基礎力」が身につく！

◎スモールステップで構成され，1冊の中でも繰り返し練習していくので，確実に「基礎力」を身につけることができます。「基礎」が身につくことで，発展的な内容に進むことができるのです。

◎教科書に沿っているので，授業の進度に合わせて使うこともできます。

✓ 勉強管理アプリの活用で，楽しく勉強できる！

◎設定した勉強時間にアラームが鳴るので，学習習慣がしっかりと身につきます。

◎時間や点数などを登録していくと，成績がグラフ化されたり，賞状をもらえたりするので， 達成感を得られます。

◎勉強をがんばると，キャラクターとコミュニケーションを取ることができるので， 日々のモチベーションが上がります。

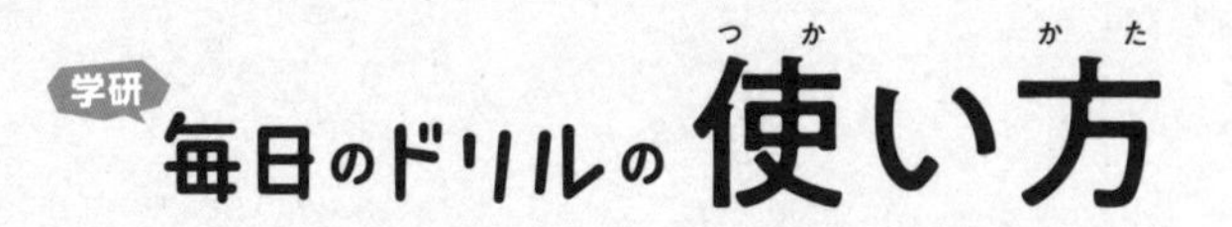

1 1日1枚，集中して解きましょう。

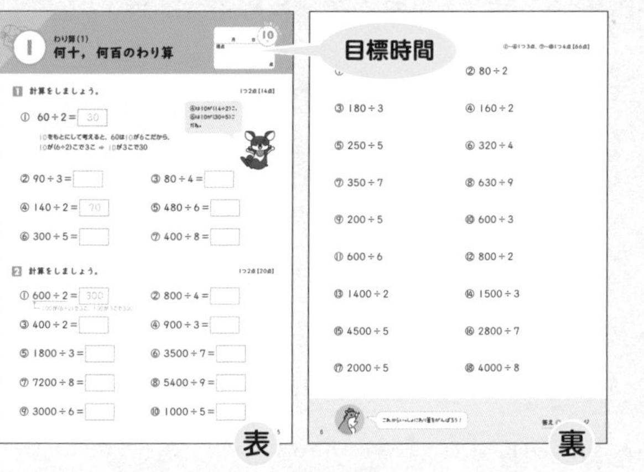

◎1回分は，1枚（表と裏）です。

1枚ずつはがして使うこともできます。

◎目標時間を意識して解きましょう。

アプリのストップウォッチなどで，かかった時間をはかるとよいです。

・巻末の「まとめテスト」で，この本の内容が身についたか確認できます。

2 答え合わせをしましょう。

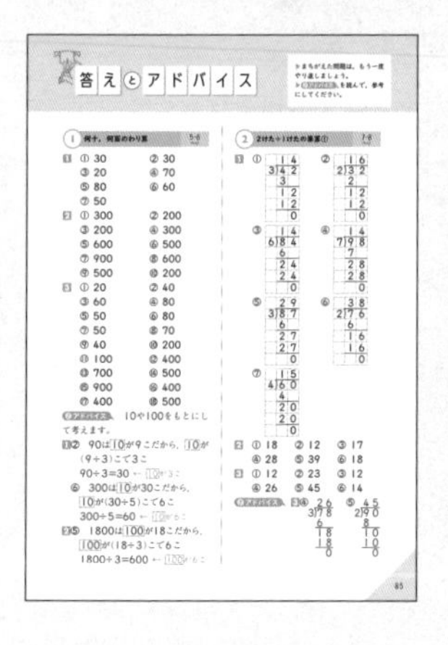

・本の最後に，「答えとアドバイス」があります。

・答え合わせをして，点数をつけましょう。

3 アプリに得点を登録しましょう。

・アプリに得点を登録すると，成績がグラフ化されます。

・勉強すると，キャラクターが育ちます。

1 わり算(1)
何十，何百のわり算

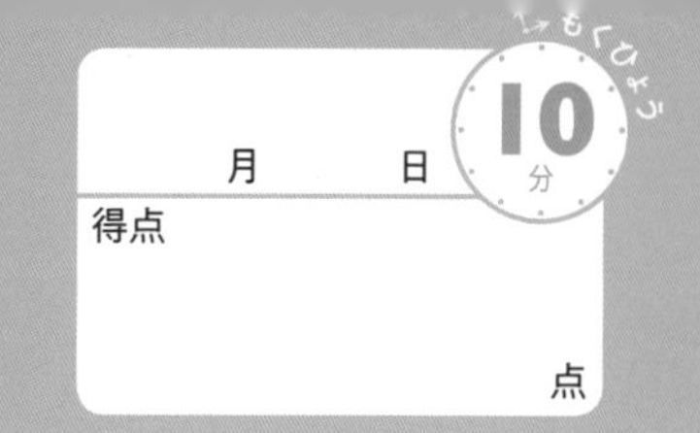

1 計算をしましょう。

1つ2点【14点】

④は10が(14÷2)こ，⑥は10が(30÷5)こだね。

① 60÷2＝ 30

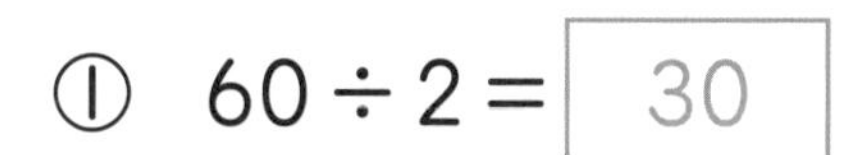

10をもとにして考えると，60は10が6こだから，
10が(6÷2)こで3こ ➡ 10が3こで30

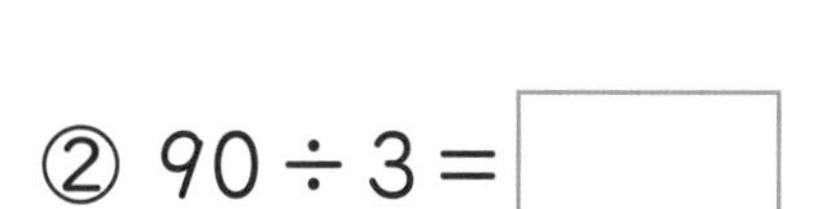

② 90÷3＝　　③ 80÷4＝

④ 140÷2＝ 70　　⑤ 480÷6＝

⑥ 300÷5＝　　⑦ 400÷8＝

2 計算をしましょう。

1つ2点【20点】

① 600÷2＝ 300　　② 800÷4＝

└ 100が(6÷2)で3こ，100が3こで300

③ 400÷2＝　　④ 900÷3＝

⑤ 1800÷3＝　　⑥ 3500÷7＝

⑦ 7200÷8＝　　⑧ 5400÷9＝

⑨ 3000÷6＝　　⑩ 1000÷5＝

3 計算をしましょう。 ①～⑥1つ3点，⑦～⑱1つ4点【66点】

① $60 \div 3$

② $80 \div 2$

③ $180 \div 3$

④ $160 \div 2$

⑤ $250 \div 5$

⑥ $320 \div 4$

⑦ $350 \div 7$

⑧ $630 \div 9$

⑨ $200 \div 5$

⑩ $600 \div 3$

⑪ $600 \div 6$

⑫ $800 \div 2$

⑬ $1400 \div 2$

⑭ $1500 \div 3$

⑮ $4500 \div 5$

⑯ $2800 \div 7$

⑰ $2000 \div 5$

⑱ $4000 \div 8$

これからいっしょにわり算をがんばろう！

答え ▶ 85ページ

2 わり算(1)
2けた÷1けたの筆算①

月　日　得点　点　もくひょう 10分

1 計算をしましょう。　1つ4点【28点】

①
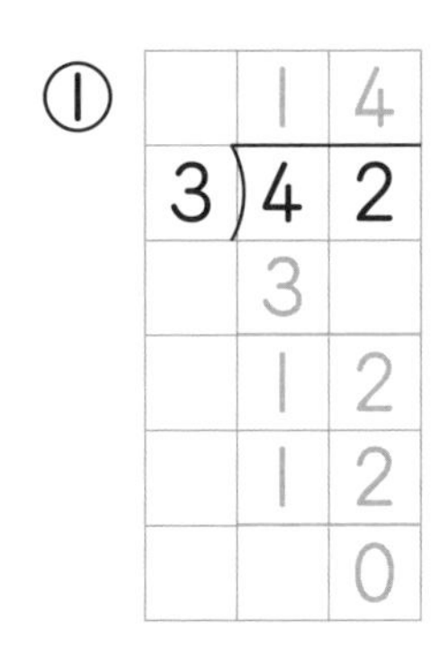

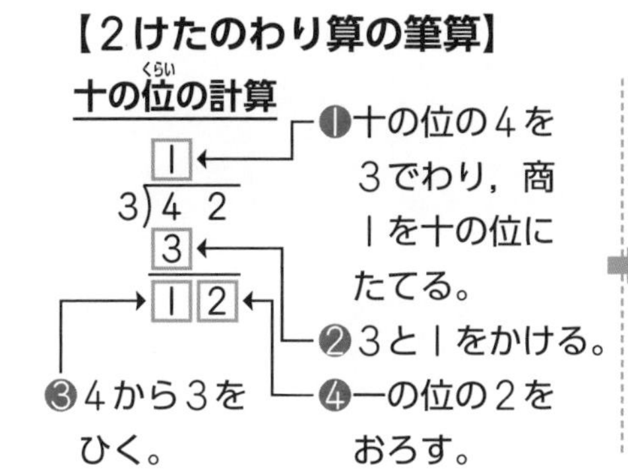

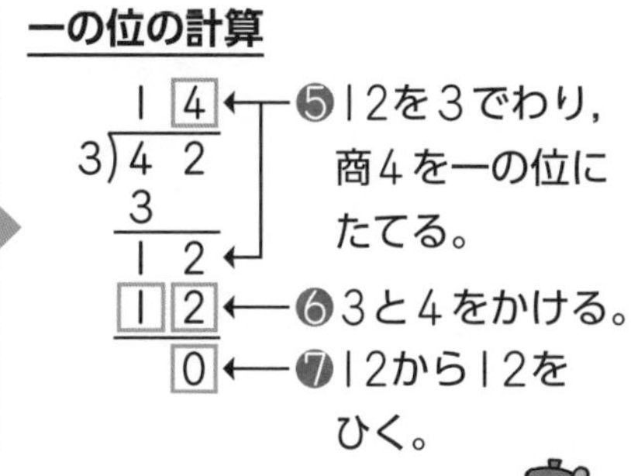

② 2)32

③ 6)84
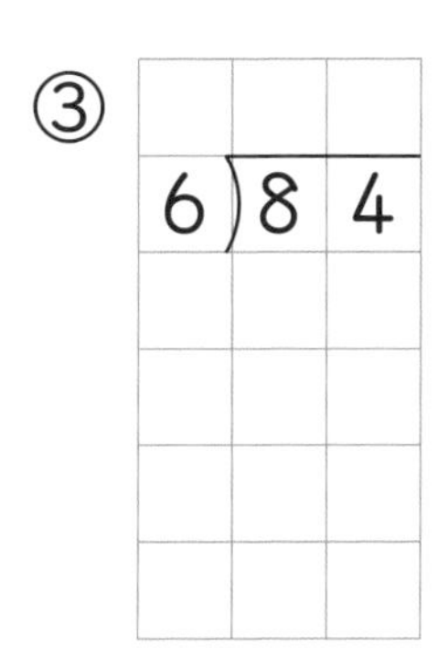

④ 7)98

⑤ 3)87

⑥ 2)76
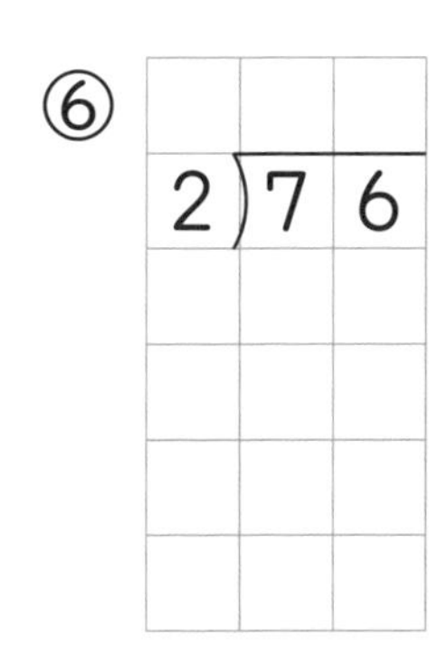

⑦ 4)60

2 計算をしましょう。

1つ6点【36点】

① 3)54

	1	8
3)	5	4
	3	
	2	4
	2	4
		0

② 8)96

③ 5)85

④ 3)84

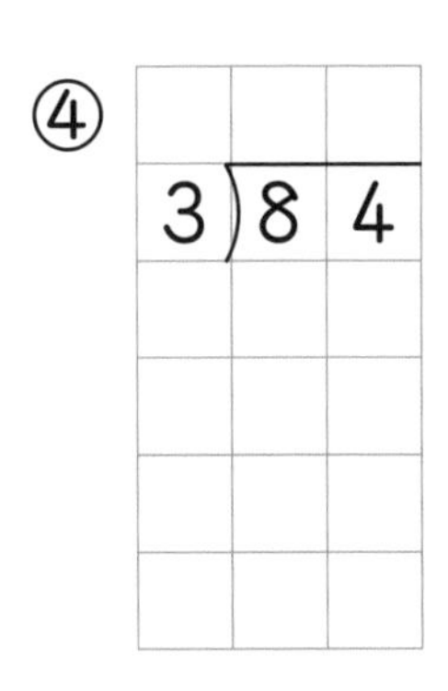

⑤ 2)78

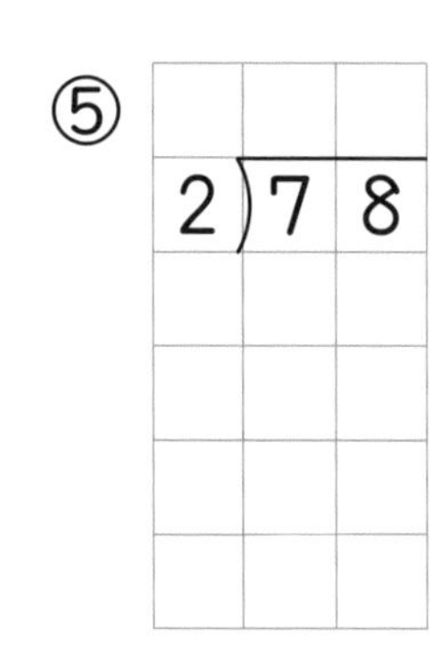

⑥ 5)90

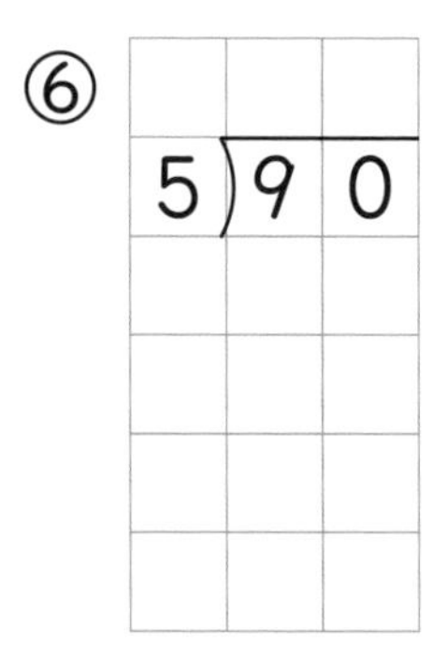

3 計算をしましょう。

1つ6点【36点】

① 6)72

② 4)92

③ 7)84

④ 3)78

⑤ 2)90

⑥ 5)70

アプリにとく点を登録(とうろく)しよう！

答え ▷ 85ページ

3 わり算(1)
2けた÷1けたの筆算②

1 計算をしましょう。 1つ4点【20点】

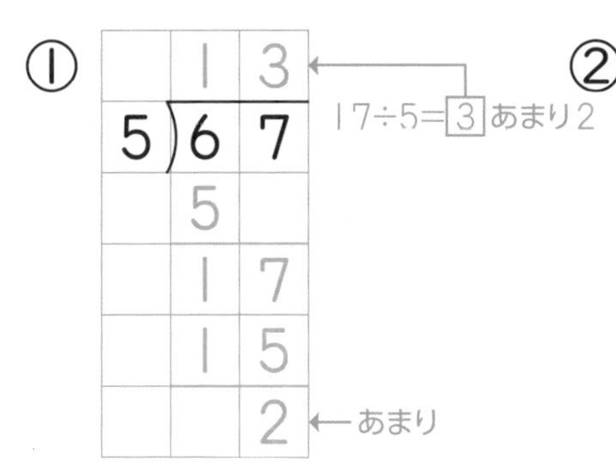

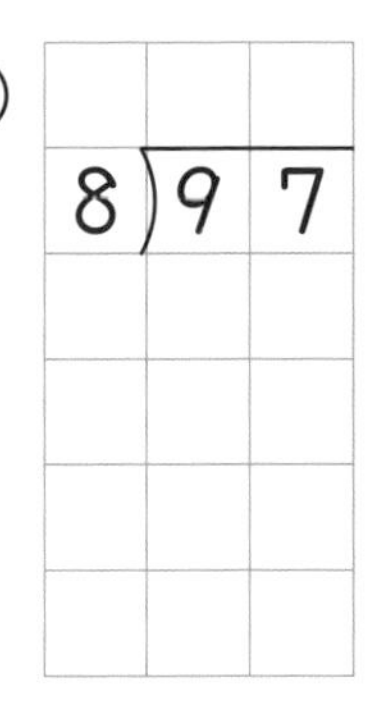

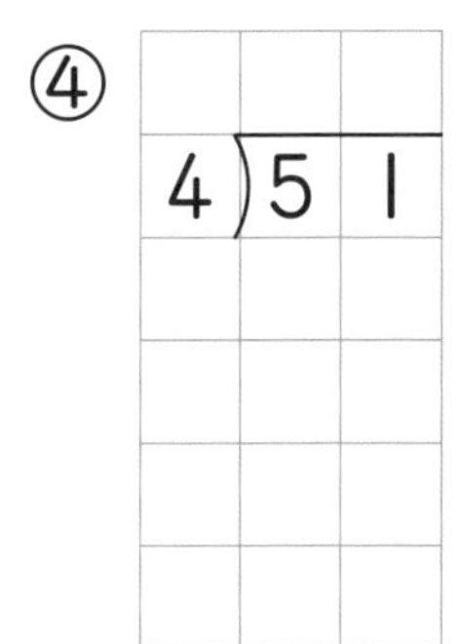

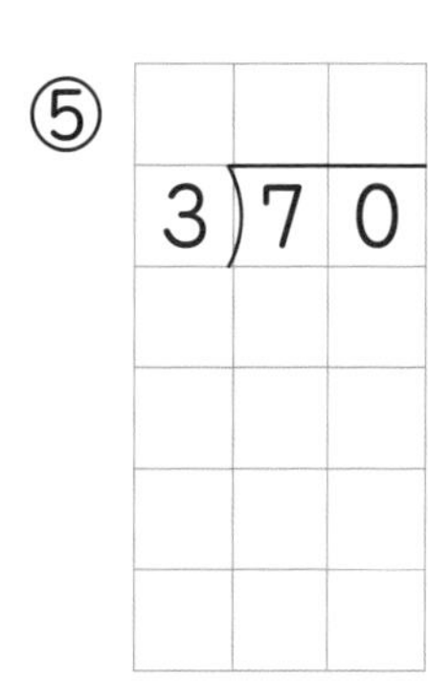

③ 6)86

2 計算をしましょう。 1つ4点【24点】

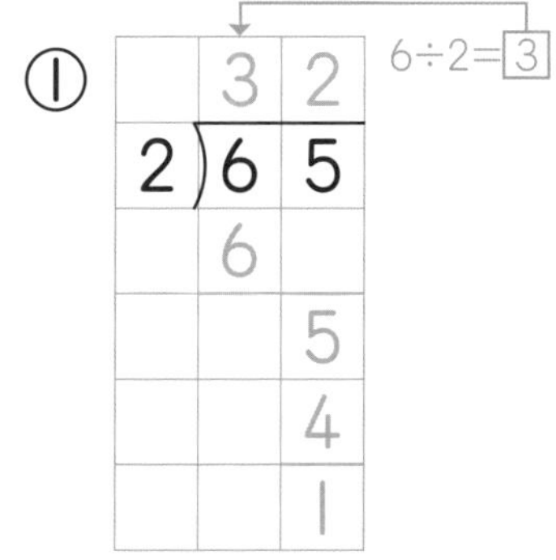

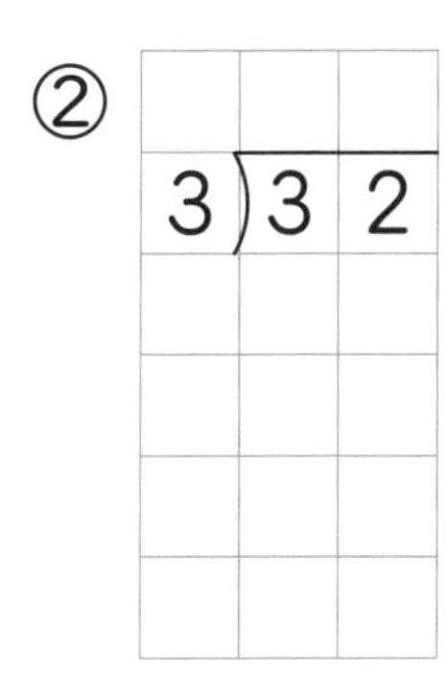

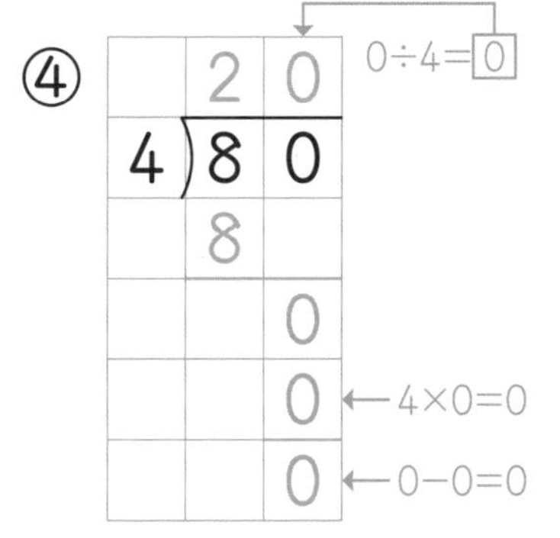

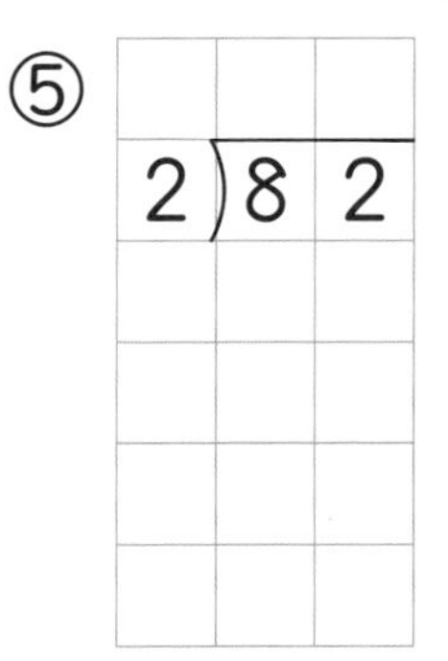

⑥ 9)90

3 計算をしましょう。

1つ4点【24点】

①

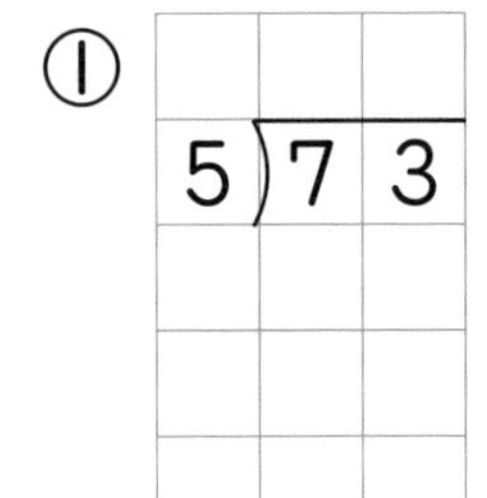

5)73

② 2)53

③ 3)41

④ 6)88

⑤ 8)94

⑥ 7)80

4 計算をしましょう。

①〜④1つ5点，⑤・⑥1つ6点【32点】

①

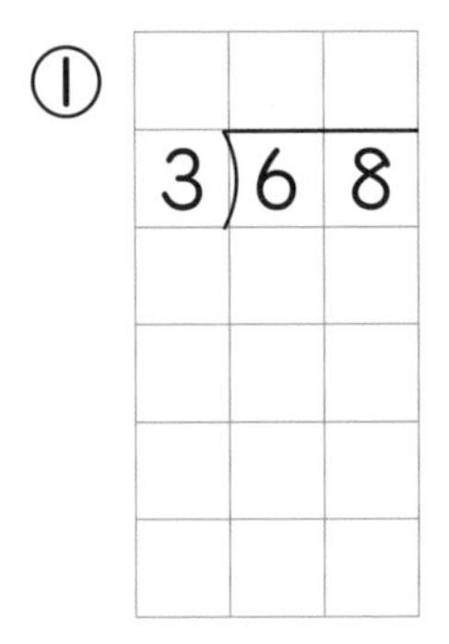

3)68

②

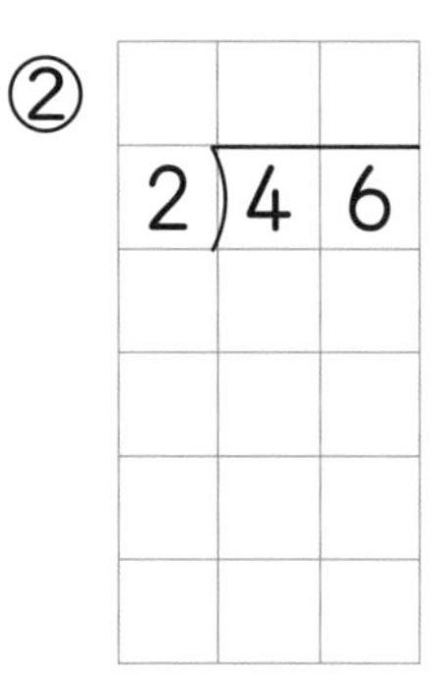

2)46

③

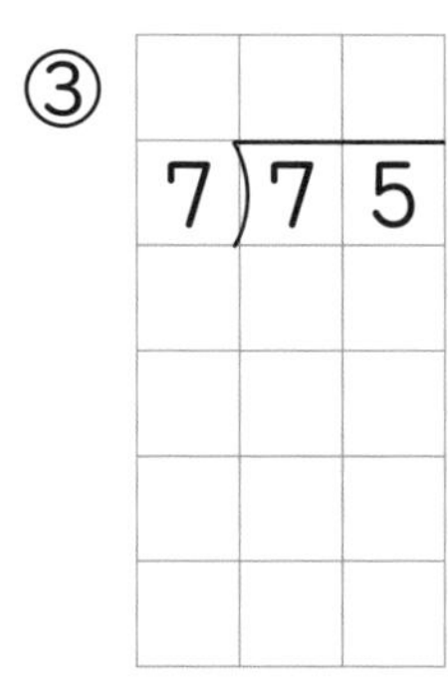

7)75

④ 4)49

⑤ 2)81

⑥ 3)60

今日（きょう）もバッチリできたね！

答え ▶ 86ページ

4 わり算(1) 2けた÷1けたの筆算③

1 計算をしましょう。また，答えのたしかめもしましょう。

わり算，たしかめ1つ6点【36点】

① 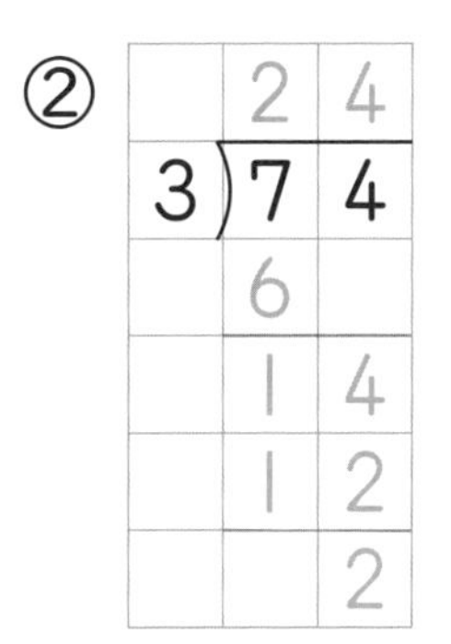

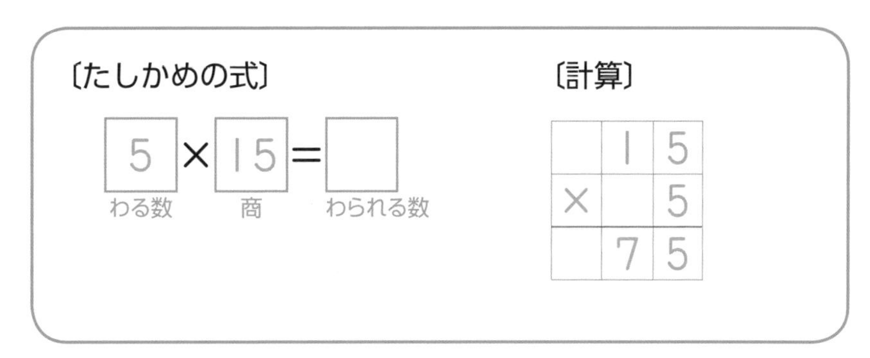

② 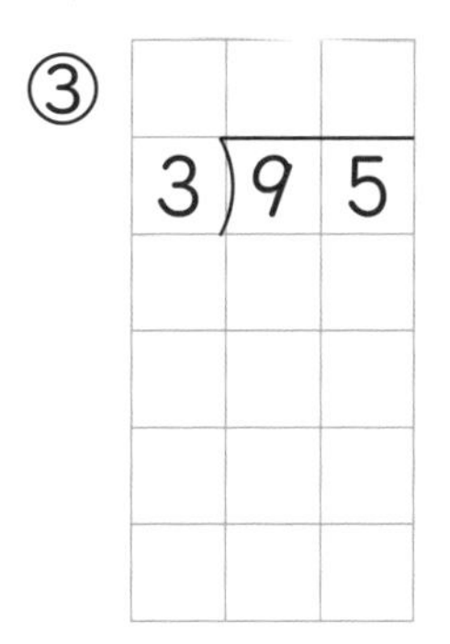

③ 3)95

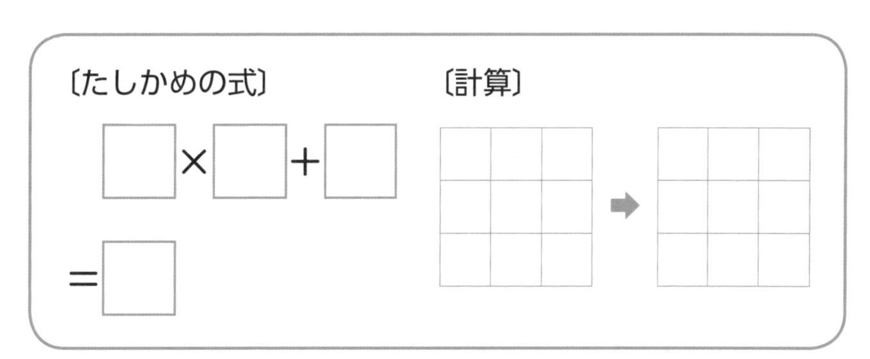

わる数×商+あまり=わられる数 だね。

2 計算をしましょう。また，答えのたしかめもしましょう。

わり算，たしかめ1つ8点【64点】

①

$$6\overline{)79}$$

〔たしかめの式と計算〕

②

$$3\overline{)71}$$

〔たしかめの式と計算〕

③

$$7\overline{)90}$$

〔たしかめの式と計算〕

④

$$4\overline{)83}$$

〔たしかめの式と計算〕

たしかめをすると，ミスをふせげるね！

答え ▶ 86ページ

5 わり算(1)
2けた÷1けたの筆算の練習

目ひょう 10分

月　日

得点　　点

1 計算をしましょう。

1つ3点【42点】

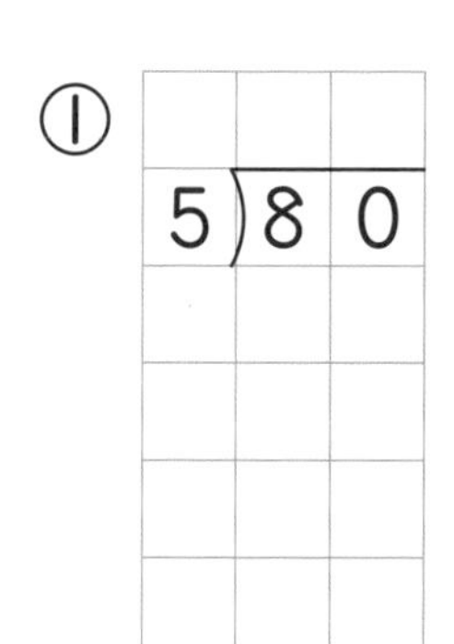

① 5)80

② 2)74

③ 3)75

④ 4)68

⑤ 7)85

⑥ 8)98

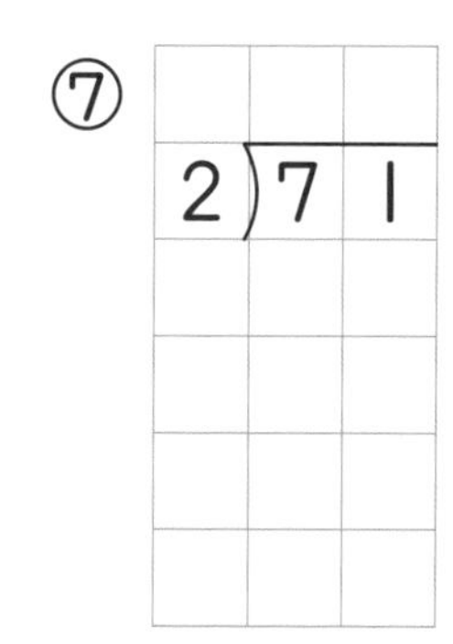

⑦ 2)71

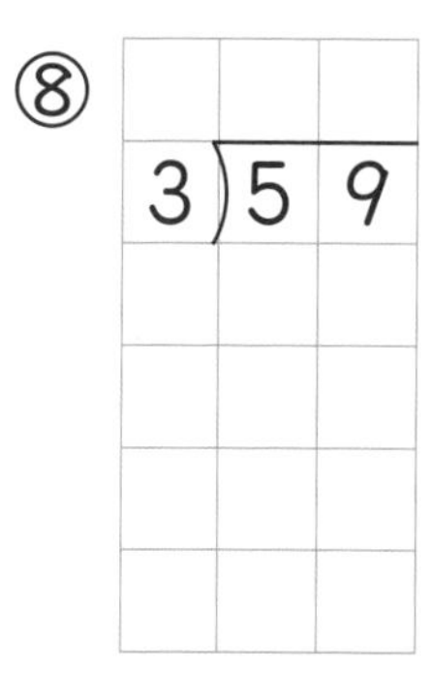

⑧ 3)59

⑨ 6)82

⑩ 3)79

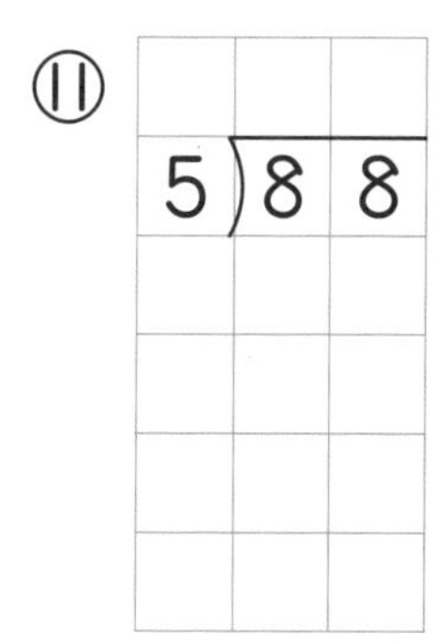

⑪ 5)88

⑫ 2)47

⑬ 3)69

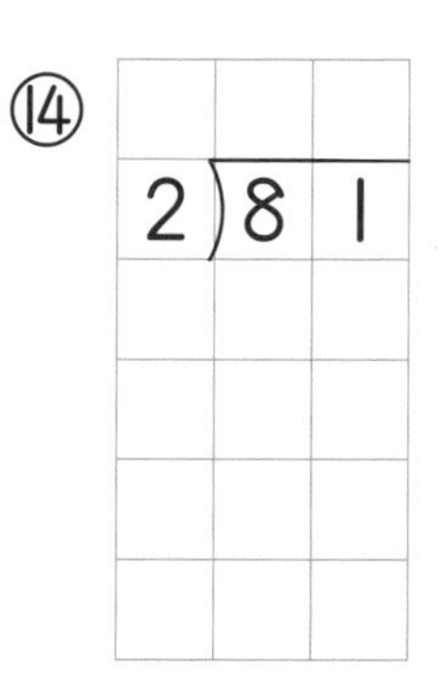

⑭ 2)81

わり算のとちゅうのひき算もていねいにしようね。

2 計算をしましょう。

1つ4点【48点】

① $3\overline{)48}$　② $2\overline{)57}$　③ $5\overline{)90}$　④ $4\overline{)94}$

⑤ $6\overline{)96}$　⑥ $9\overline{)93}$　⑦ $3\overline{)85}$　⑧ $2\overline{)68}$

⑨ $2\overline{)94}$　⑩ $4\overline{)82}$　⑪ $3\overline{)65}$　⑫ $4\overline{)70}$

3 計算をしましょう。また，答えのたしかめもしましょう。

わり算，たしかめ1つ5点【10点】

$4\overline{)54}$

〔たしかめの式と計算〕

次は，3けた÷1けたにチャレンジだ！

答え ▶ 87ページ

6 わり算(1)

3けた÷1けたの筆算①

1 計算をしましょう。　1つ4点【28点】

①

```
    1 6 3
 4)6 5 4
   4
   2 5
   2 4
     1 4
     1 2
       2
```

【3けたのわり算の筆算】

百の位(くらい)の計算

```
    1
 4)6 5 4
   4
   2
```

● 6÷4=[1] あまり2

十の位の計算

```
    1 6
 4)6 5 4
   4
   2 5
   2 4
     1
```

● 5をおろす。
● 25÷4=[6] あまり1

一の位の計算

```
    1 6 3
 4)6 5 4
   4
   2 5
   2 4
     1 4
     1 2
       2
```

● 4をおろす。
● 14÷4=[3] あまり2

②
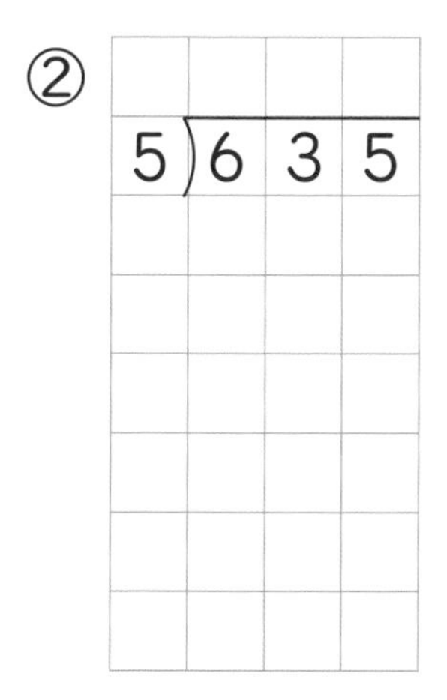

③
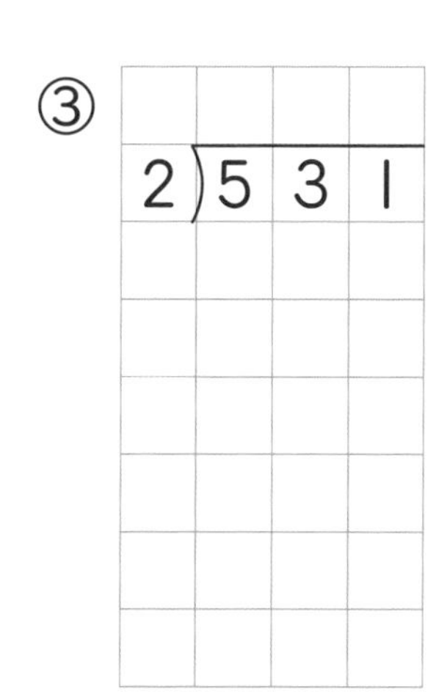

④
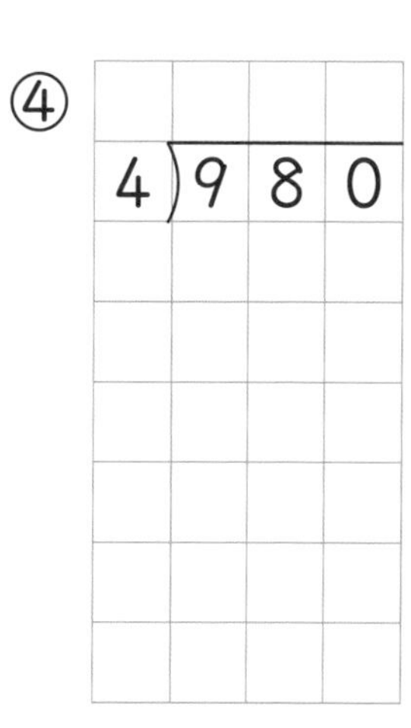

⑤
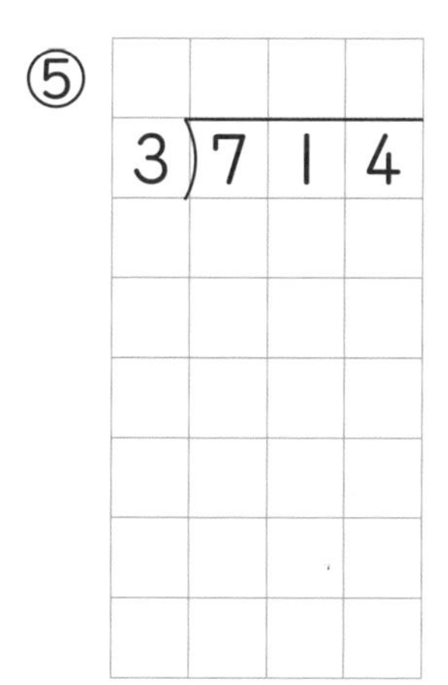

⑥
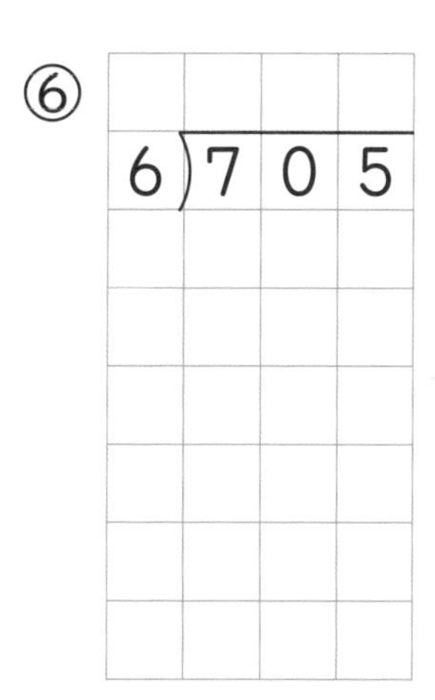

⑦
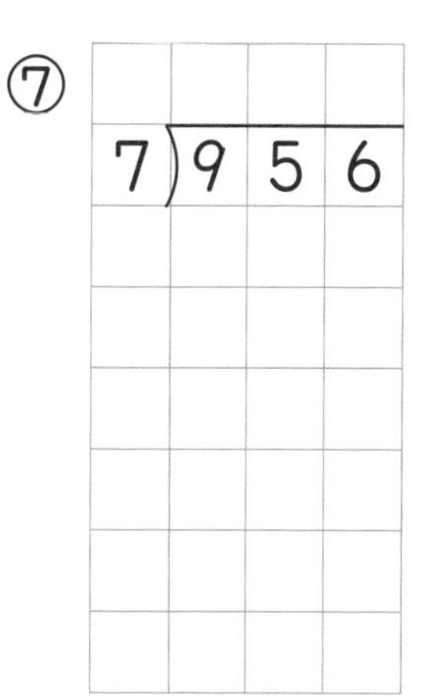

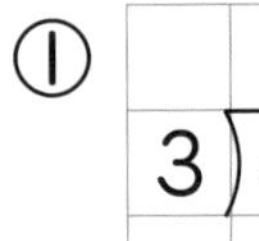

2 計算をしましょう。

1つ8点【48点】

① 

$3\overline{)497}$

② $4\overline{)952}$

③ 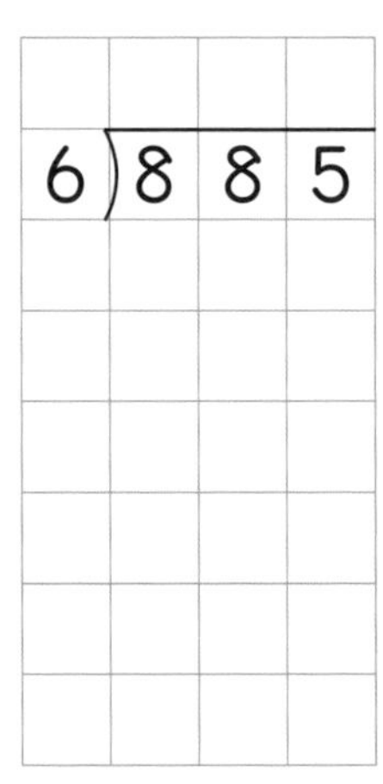

$6\overline{)885}$

④ 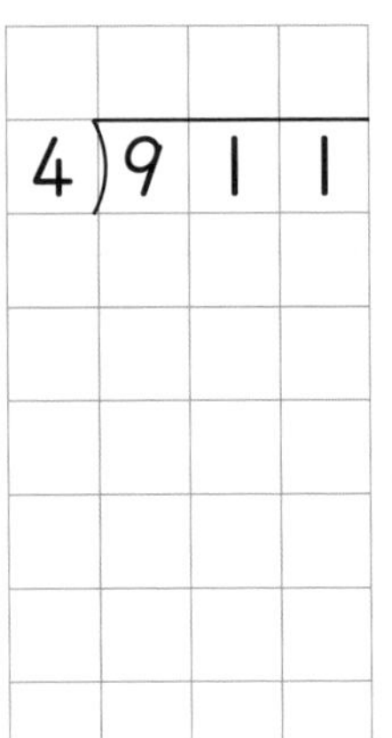

$4\overline{)911}$

⑤ 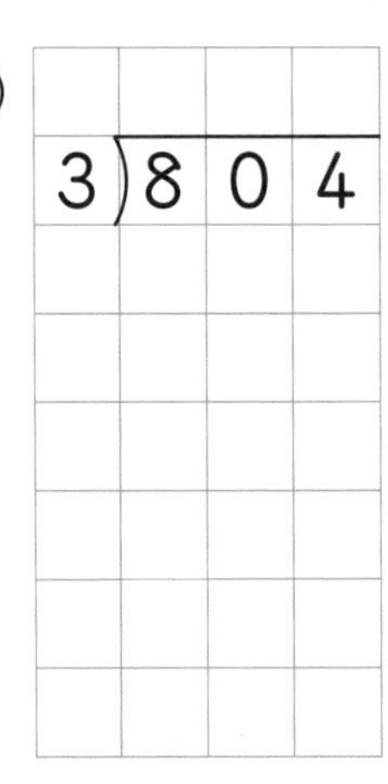

$3\overline{)804}$

⑥ $7\overline{)900}$

3 計算をしましょう。

1つ8点【24点】

① $2\overline{)950}$

② $4\overline{)570}$

③ $3\overline{)705}$

商が百の位（くらい）からたつ計算だね。

答え ▶ 87ページ

7 わり算(1)
3けた÷1けたの筆算②

1 計算をしましょう。

1つ5点【40点】

① 3)641

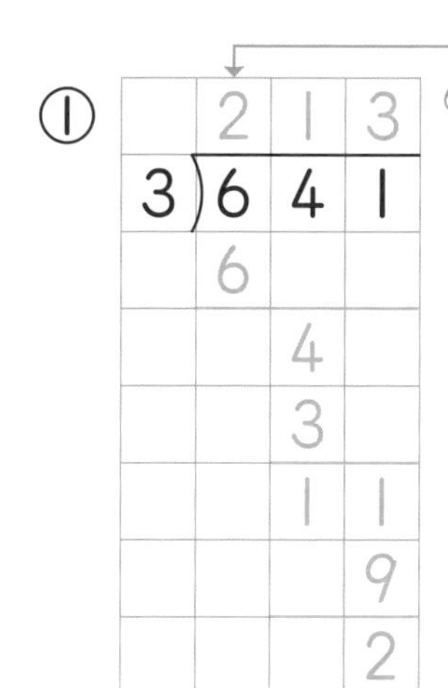

② 7)798

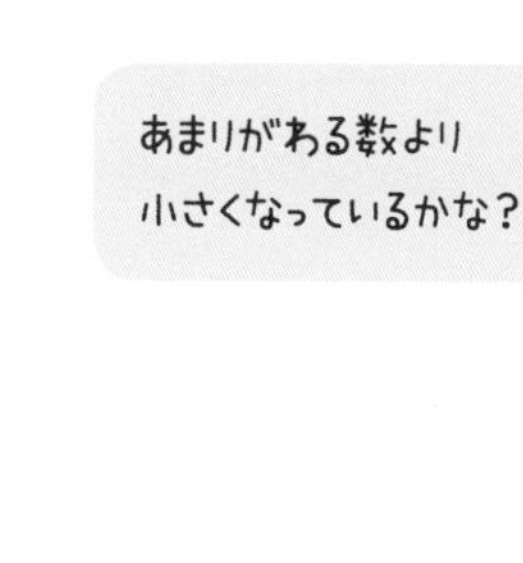

③ 2)475

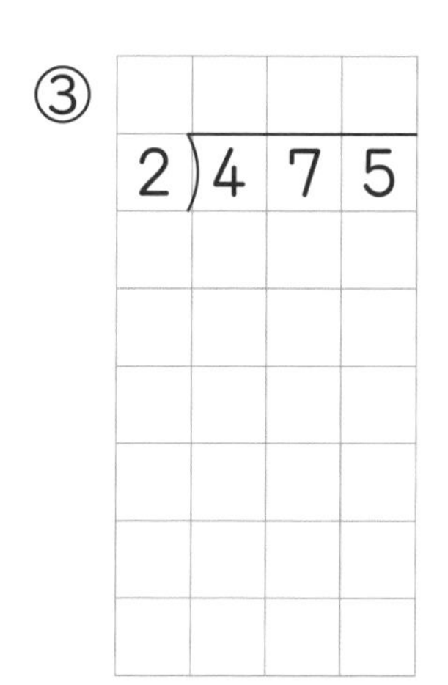

④ 5)657

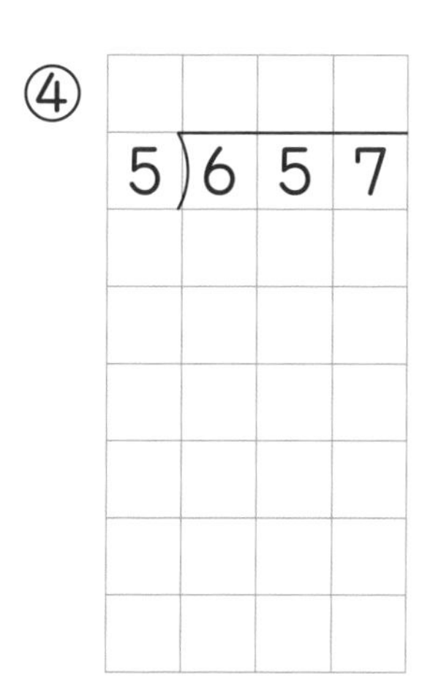

⑤ 4)968

⑥ 6)847

⑦ 2)683

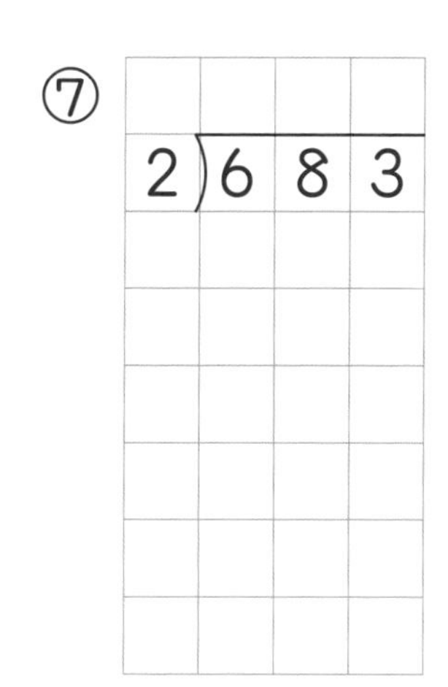

⑧ 3)396

2 計算をしましょう。

1つ6点【36点】

①
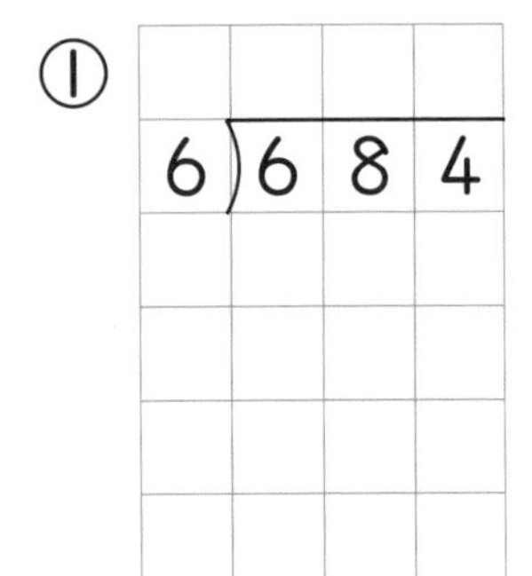

②
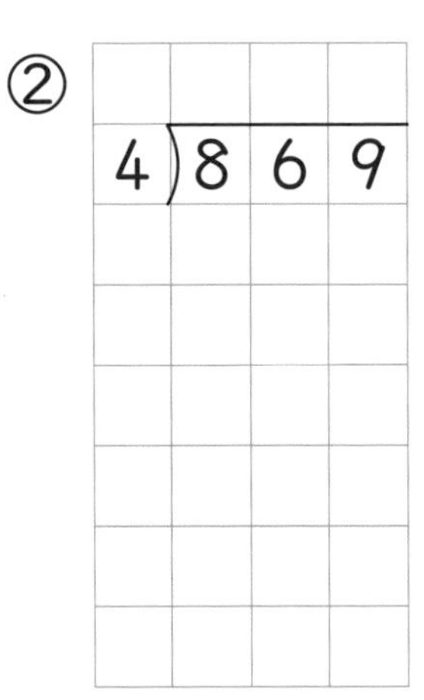

③
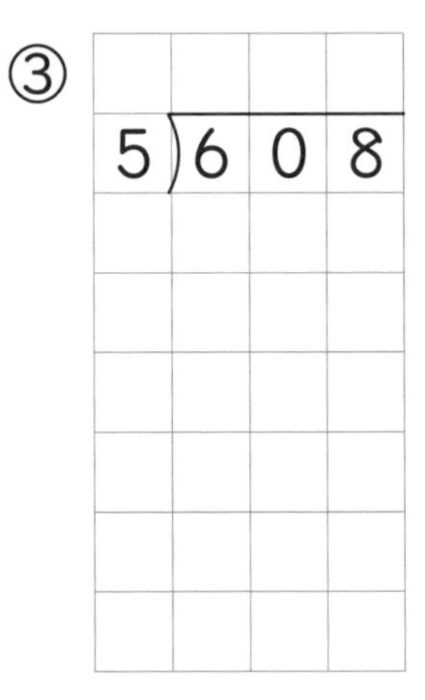

④
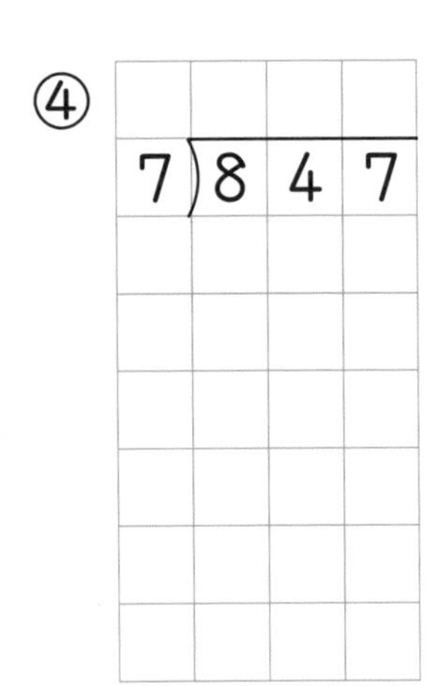

⑤
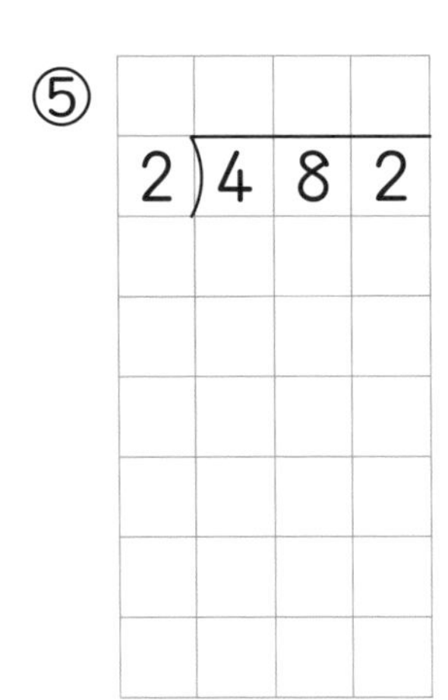

⑥
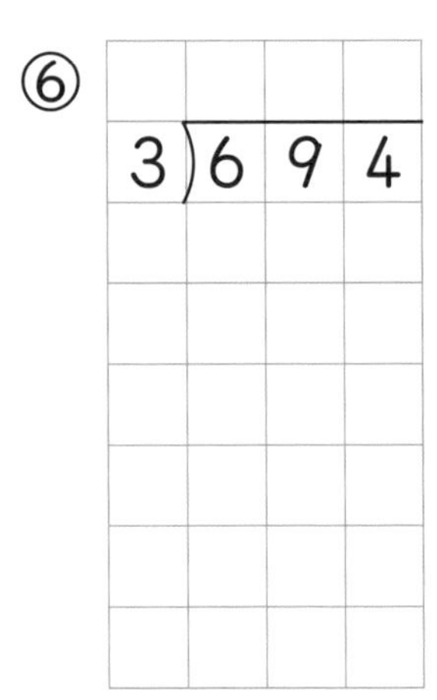

3 計算をしましょう。

1つ8点【24点】

① 5)5 7 0

② 4)8 4 9

③ 8)9 6 9

わり算の筆算になれてきたかな？

答え ▶ 88ページ

8 わり算(1)
3けた÷1けたの筆算③

1 計算をしましょう。右は，かんたんなしかたでしましょう。1つ5点【40点】

①

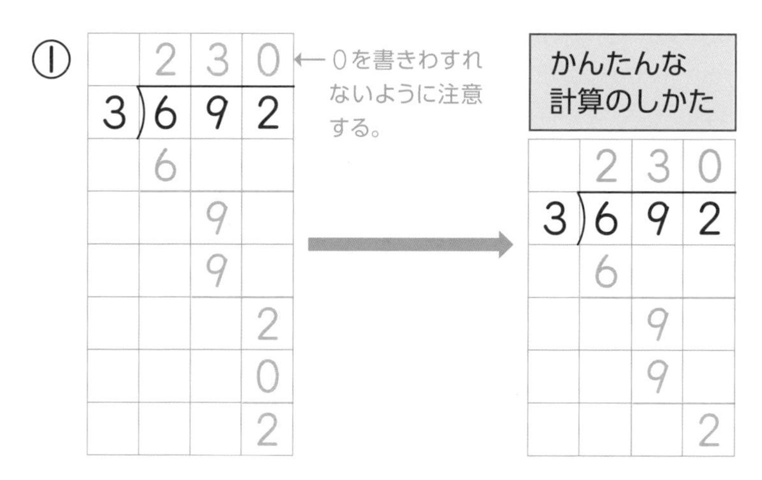

商に0がたつとき，とちゅうの計算を省いて，かんたんにしてよい。

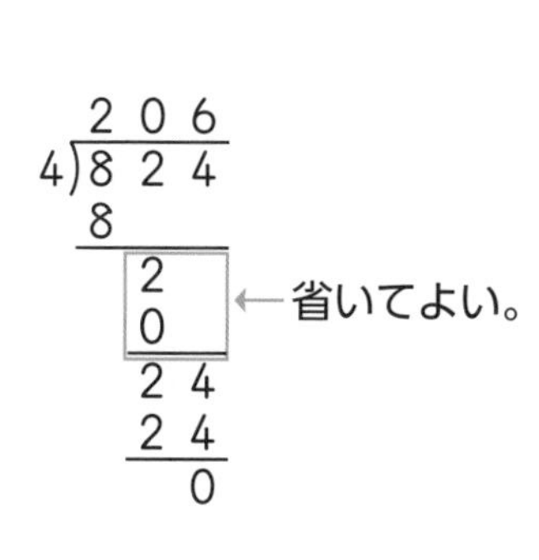

②

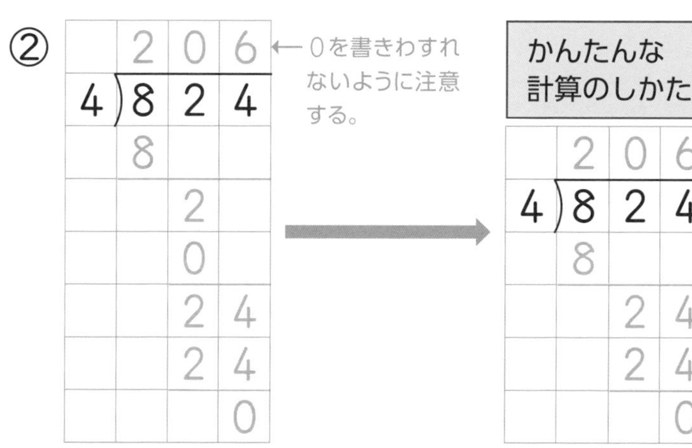

③

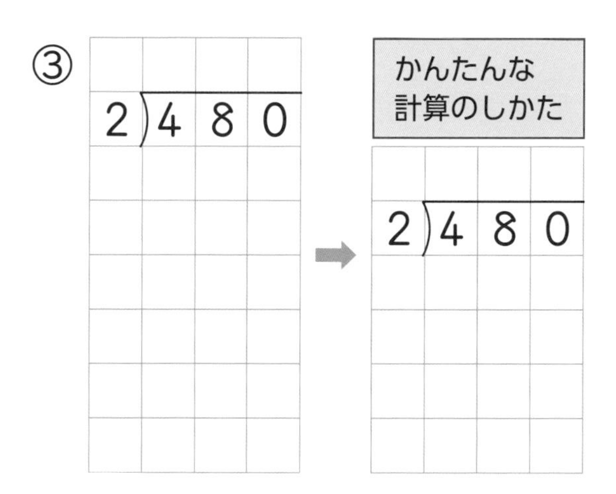

④

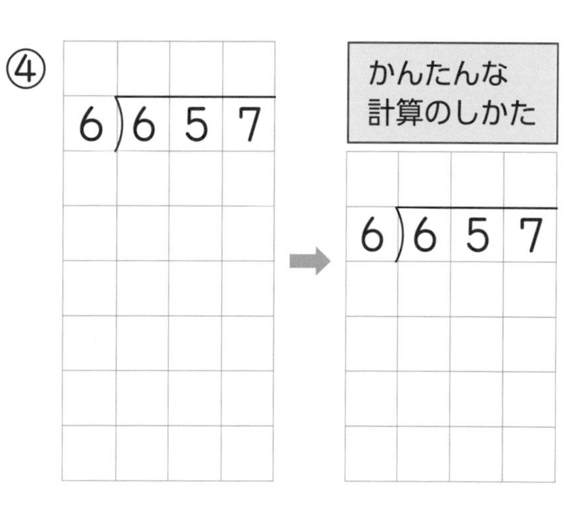

2 計算をしましょう。下はかんたんなしかたで計算しましょう。

1つ5点【30点】

① $2\overline{)521}$

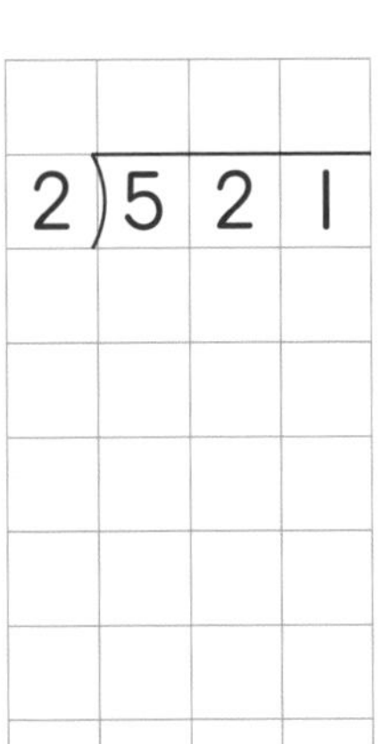

↓

$2\overline{)521}$

② $3\overline{)318}$

↓

$3\overline{)318}$

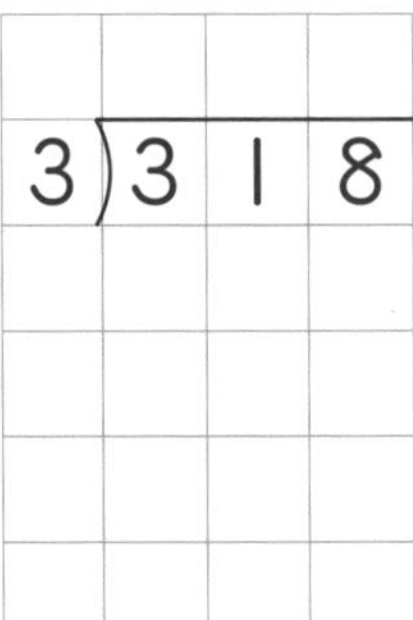

③ $6\overline{)626}$

↓

$6\overline{)626}$

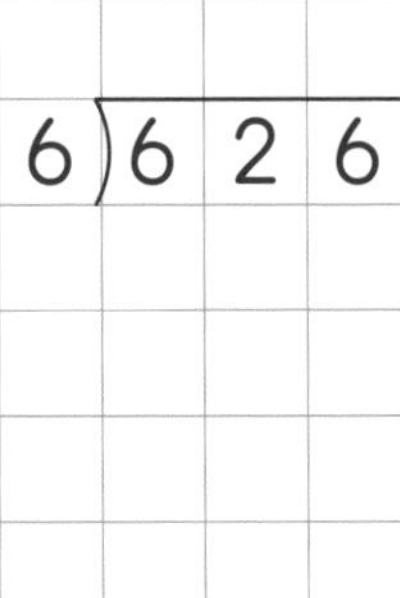

3 計算をしましょう。

1つ5点【30点】

① $4\overline{)842}$

② $2\overline{)681}$

③ $3\overline{)540}$

④ $2\overline{)814}$

⑤ $9\overline{)950}$

⑥ $5\overline{)540}$

その調子，その調子！

答え ▶ 88ページ

9 わり算(1)
3けた÷1けたの筆算の練習①

1 計算をしましょう。

1つ4点【40点】

① 3)735

② 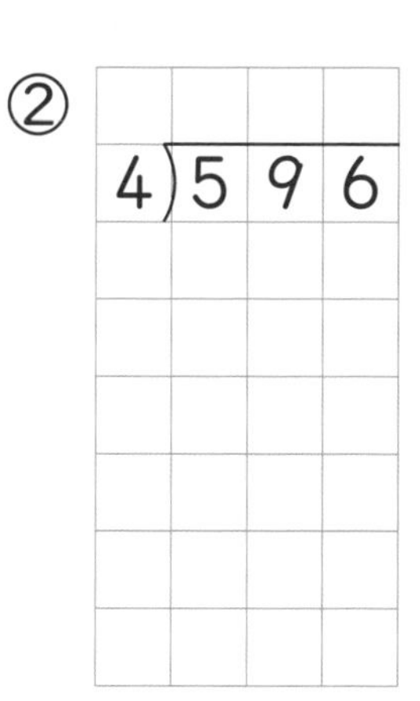

③ 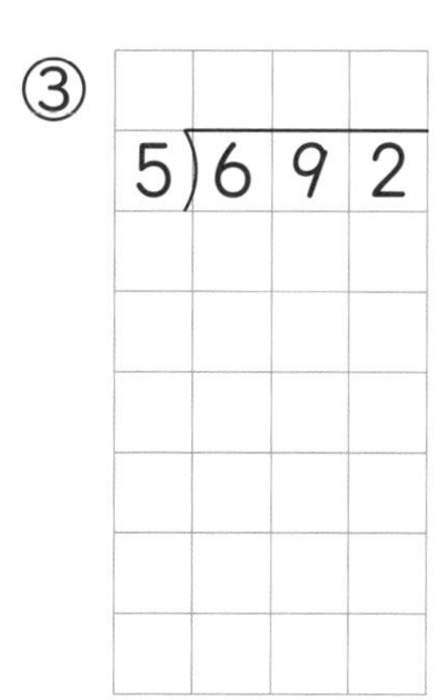

④ 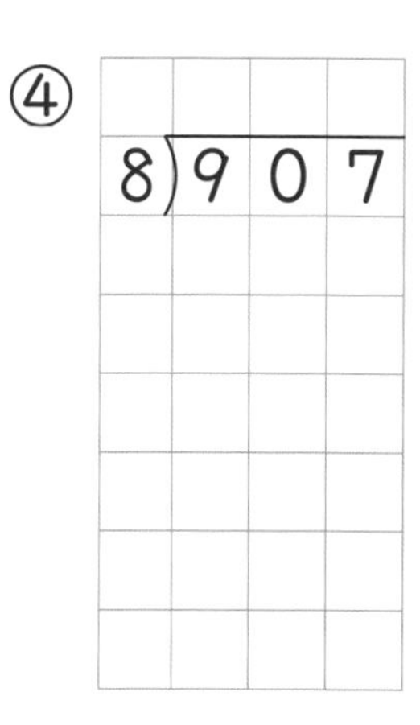

⑤ 3)888

⑥ 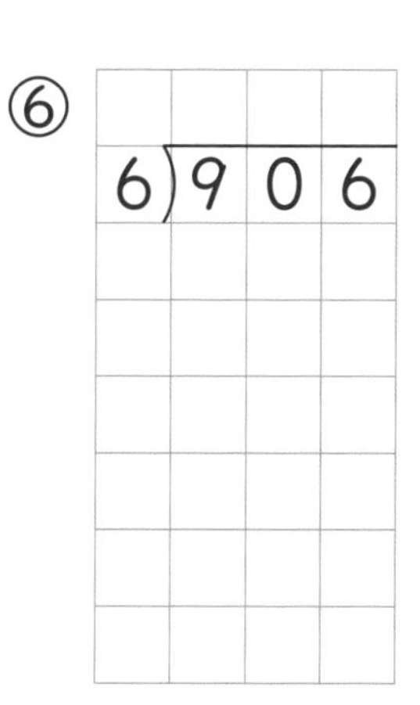

⑦ 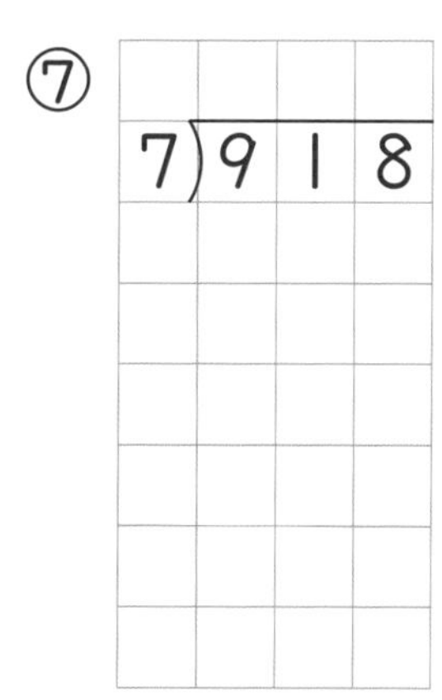

⑧ 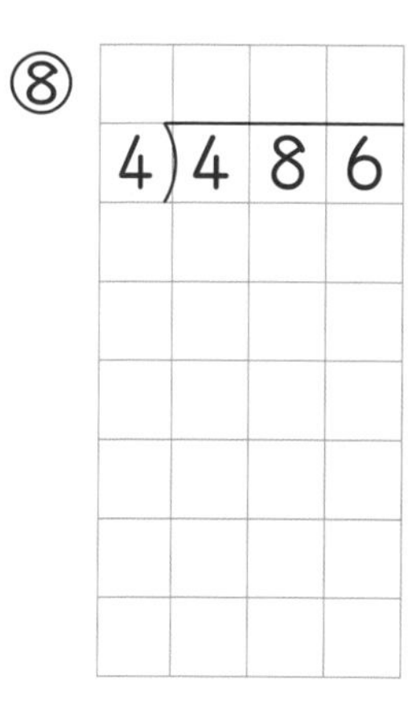

⑨ 2)841

⑩ 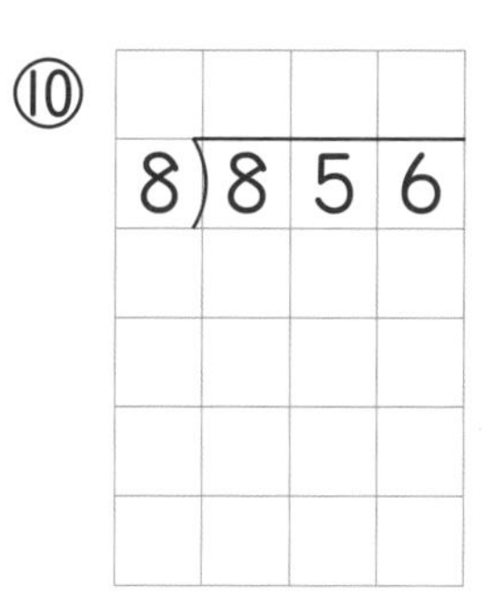

答えのたしかめも
してみよう。

2 計算をしましょう。

1つ5点【60点】

① $2\overline{)738}$

② $6\overline{)980}$

③ $4\overline{)928}$

④ $5\overline{)853}$

⑤ $7\overline{)876}$

⑥ $2\overline{)673}$

⑦ $5\overline{)890}$

⑧ $4\overline{)830}$

⑨ $4\overline{)704}$

⑩ $3\overline{)593}$

⑪ $9\overline{)963}$

⑫ $6\overline{)947}$

計算力がぐんぐんついているよ！

答え ▶ 89ページ

10 わり算(1)
3けた÷1けたの筆算④

月　日　15分

得点　　点

1 計算をしましょう。

1つ4点【40点】

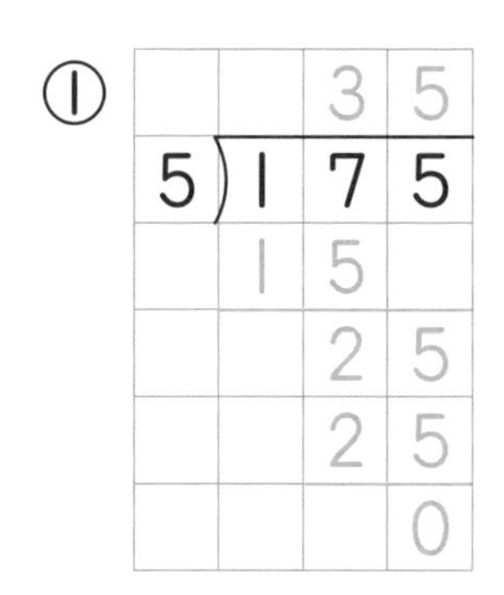

①

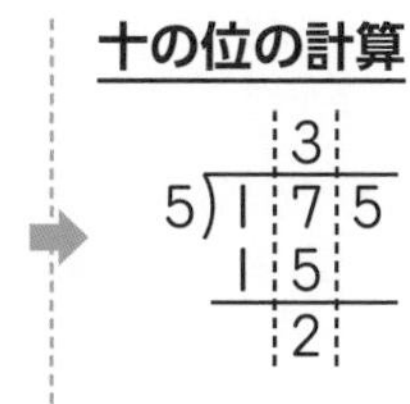

百の位の計算

5)175

● 1÷5だから，商はたたない。

十の位の計算

● 次の位までとって，17÷5＝3あまり2

一の位の計算

● 5をおろす。

● 25÷5＝5

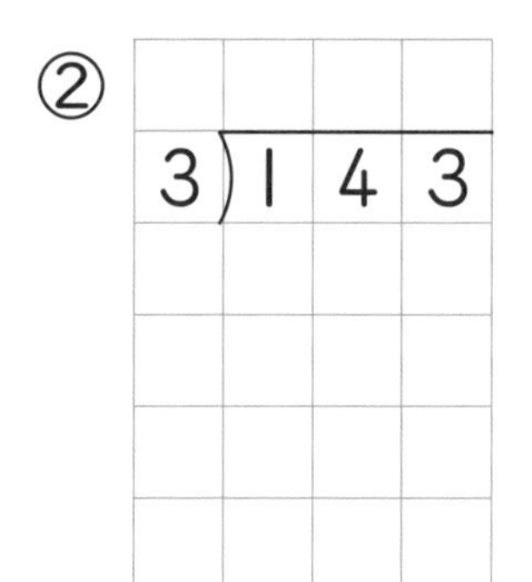

② 3)143

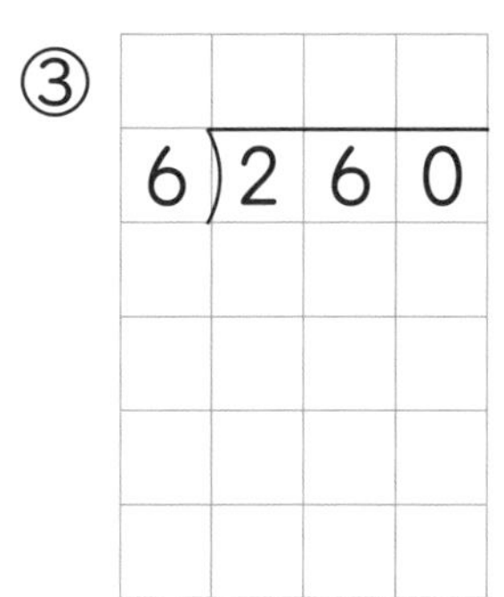

③ 6)260

④ 4)136

⑤ 2)153

⑥ 7)392

⑦ 8)216

⑧ 9)258

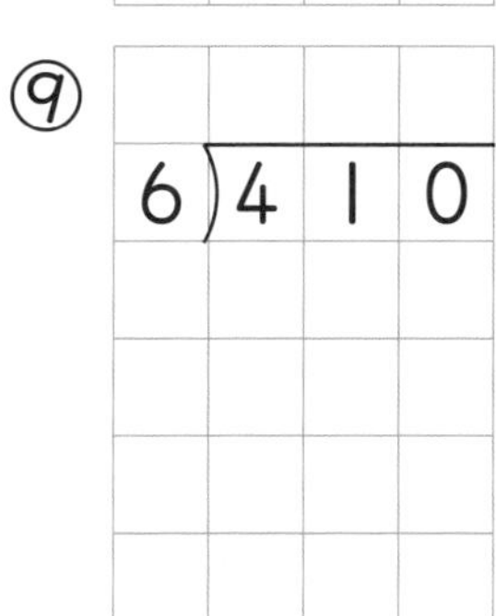

⑨ 6)410

⑩ 7)600

2 計算をしましょう。

1つ5点【60点】

① $4\overline{)268}$

② $2\overline{)195}$

③ $5\overline{)415}$

④ $6\overline{)318}$

⑤ $5\overline{)293}$

⑥ $2\overline{)131}$

⑦ $3\overline{)205}$

⑧ $7\overline{)413}$

⑨ $9\overline{)407}$

⑩ $8\overline{)526}$

⑪ $6\overline{)221}$

⑫ $9\overline{)500}$

商が十の位（くらい）からたつ計算だね。

答え ▶ 89ページ

11 わり算(1)
3けた÷1けたの筆算⑤

1 計算をしましょう。

1つ4点【20点】

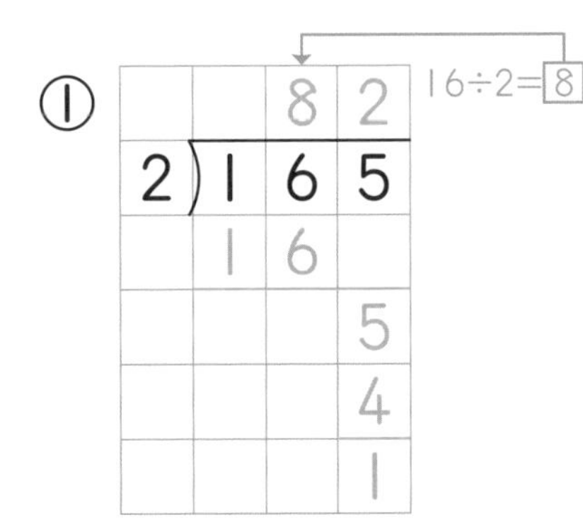

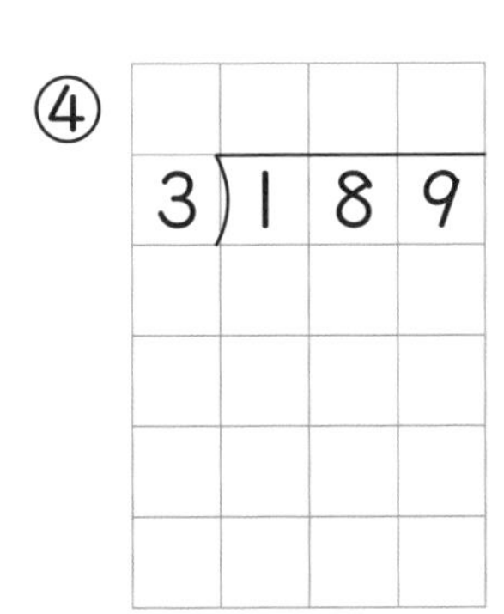

③ 5)357　④ 3)189

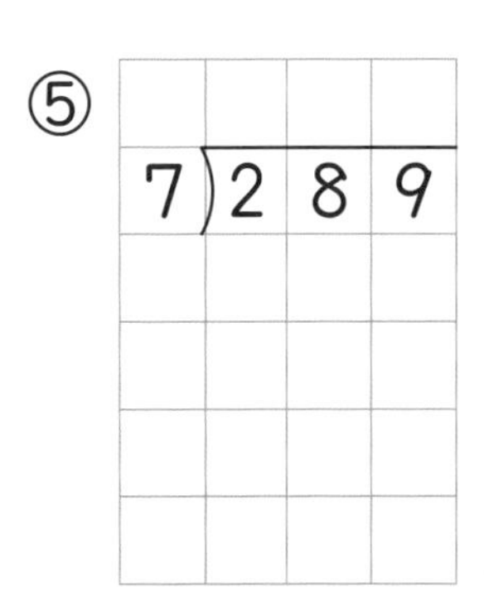

2 計算をしましょう。

1つ4点【20点】

① 5)253（商 50）

商に0がたつとき，とちゅうの計算を省（はぶ）いて，かんたんにしてよい。

$$
\begin{array}{r}
50 \\
5\overline{)253} \\
25 \\
\hline
3 \\
\boxed{0} \\
\boxed{3}
\end{array}
$$

←省いてよい。

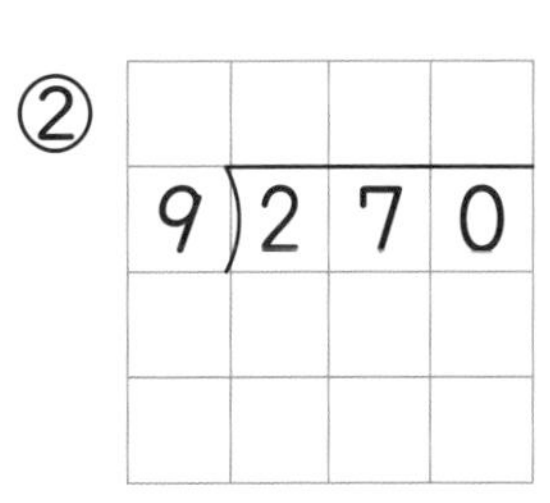

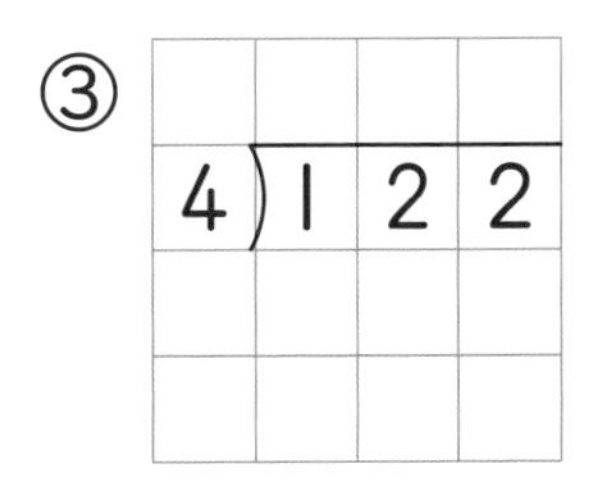

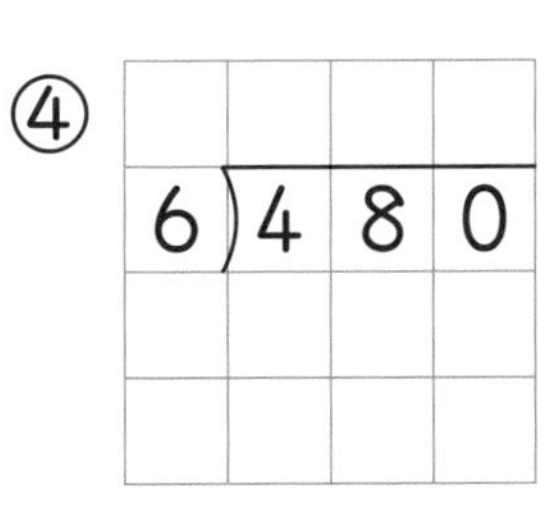

⑤ 7)215

3 計算をしましょう。

1つ5点【45点】

① $5\overline{)158}$

② $3\overline{)126}$

③ $6\overline{)309}$

④ $7\overline{)568}$

⑤ $9\overline{)369}$

⑥ $2\overline{)106}$

⑦ $4\overline{)248}$

⑧ $8\overline{)488}$

⑨ $6\overline{)429}$

4 計算をしましょう。

1つ5点【15点】

① $3\overline{)182}$

② $5\overline{)350}$

③ $8\overline{)726}$

見直しはしたかな？

答え ▶ 90ページ

わり算(1)

12 3けた÷1けたの筆算の練習②

月　日

得点

点

15分

1 計算をしましょう。

1つ4点【32点】

① 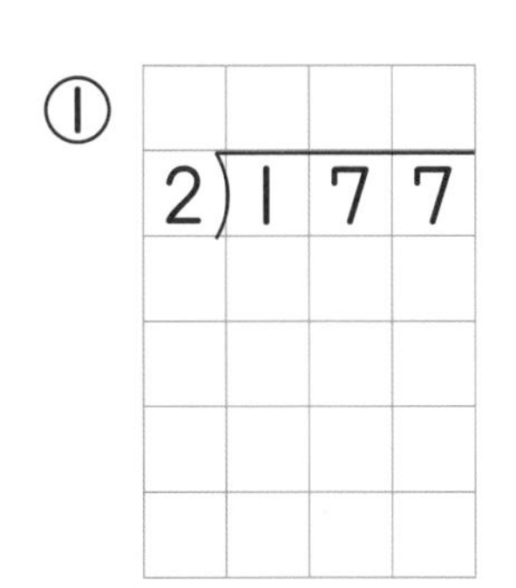

$2\overline{)177}$

② 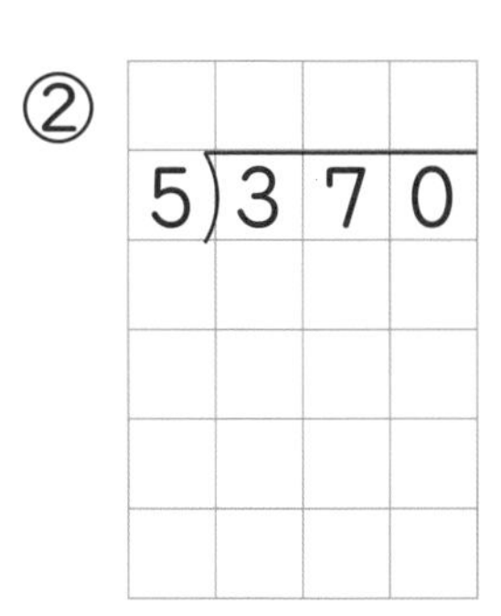

$5\overline{)370}$

③ $6\overline{)394}$

④ 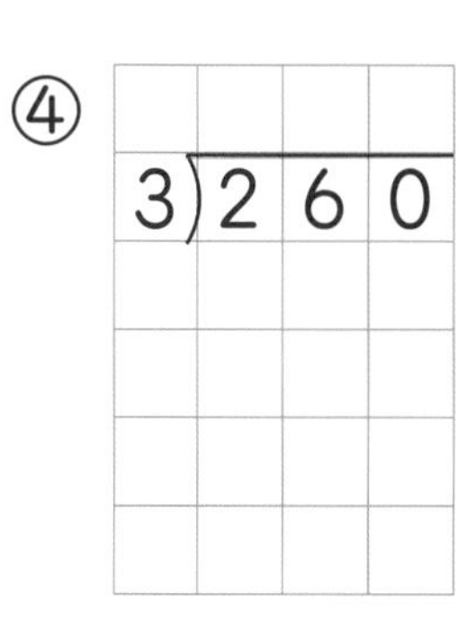

$3\overline{)260}$

⑤ 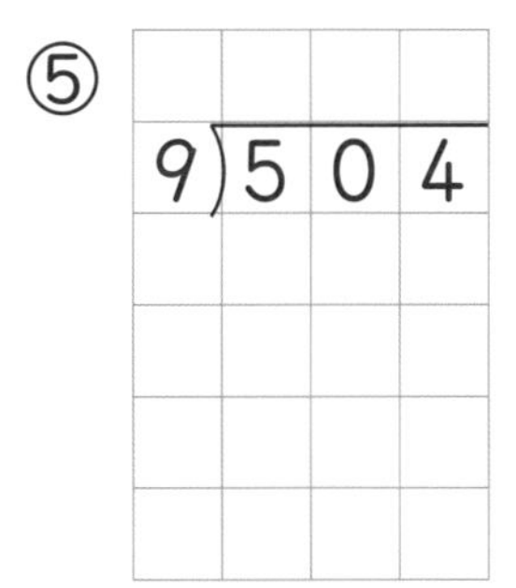

$9\overline{)504}$

⑥ 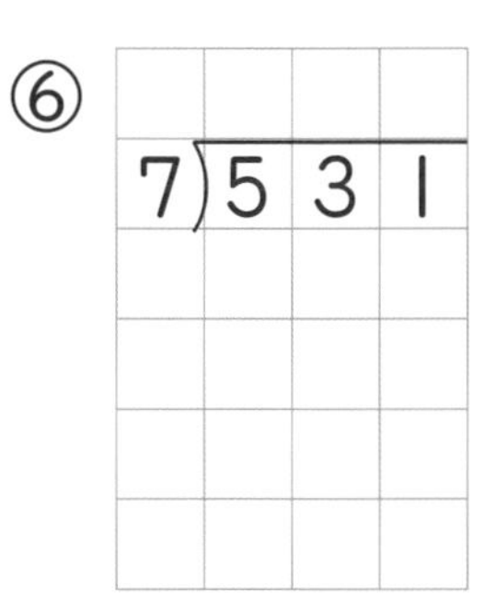

$7\overline{)531}$

⑦ 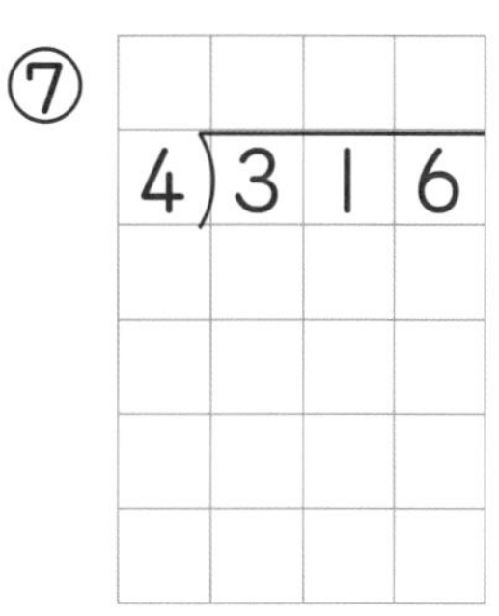

$4\overline{)316}$

⑧ 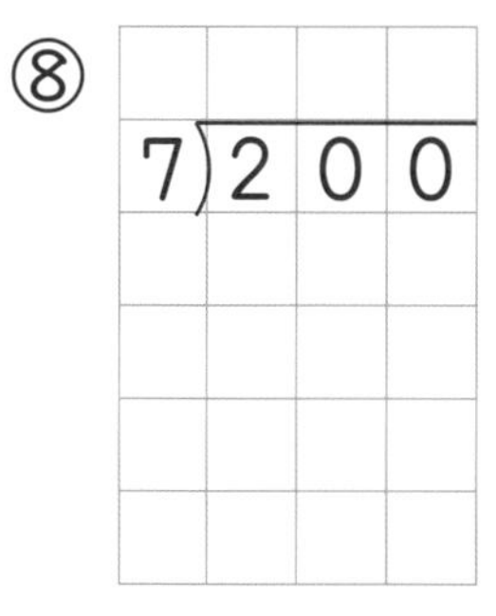

$7\overline{)200}$

2 計算をしましょう。

1つ4点【12点】

① 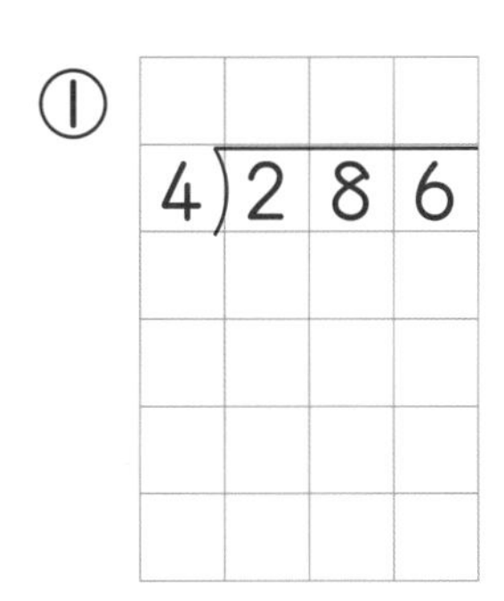

$4\overline{)286}$

② 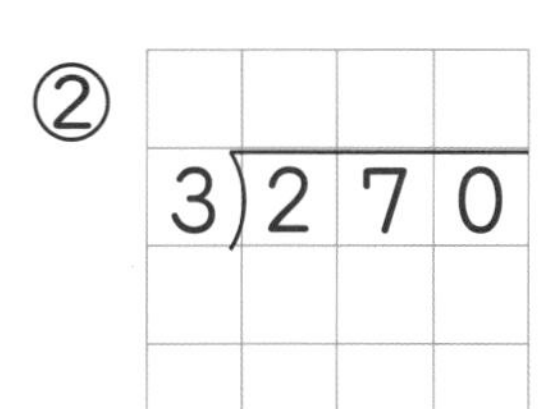

$3\overline{)270}$

③ 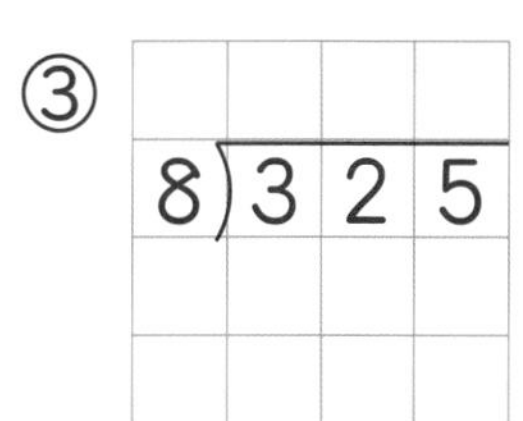

$8\overline{)325}$

3 計算をしましょう。

①～④1つ5点，⑤～⑩1つ6点【56点】

① $4\overline{)228}$

② $6\overline{)174}$

③ $8\overline{)580}$

④ $7\overline{)609}$

⑤ $5\overline{)217}$

⑥ $4\overline{)202}$

⑦ $8\overline{)329}$

⑧ $9\overline{)340}$

⑨ $7\overline{)551}$

⑩ $6\overline{)540}$

わり算のとちゅうの
かけ算やひき算にも
注意して計算しよう。

答え ▶ 90ページ

13 わり算(1) 3けた÷1けたの筆算の練習③

15分

月　日

得点　　点

1 計算をしましょう。

1つ3点【48点】

① 3)561

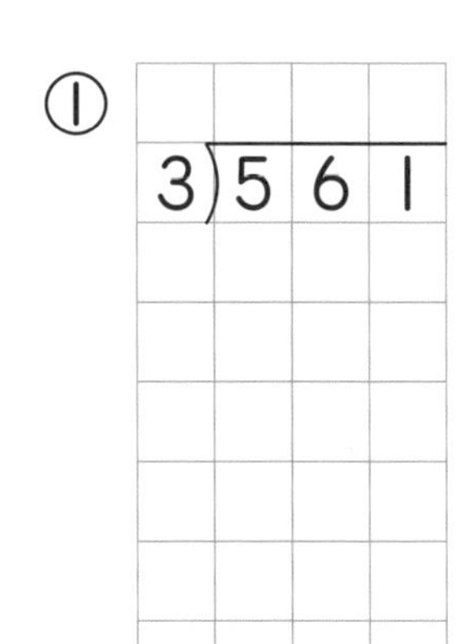

② 6)761

③ 2)947

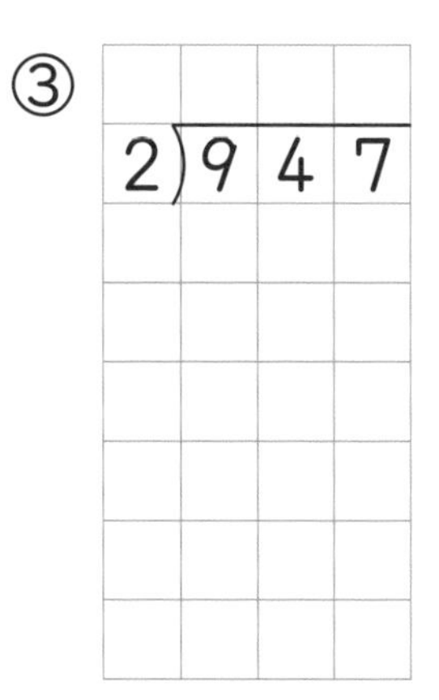

④ 4)715

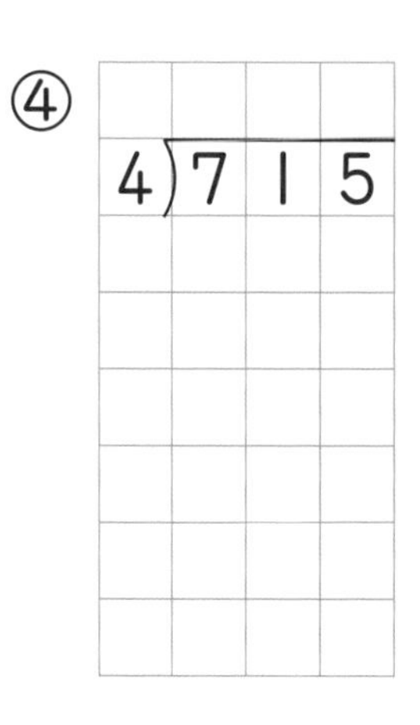

⑤ 2)641

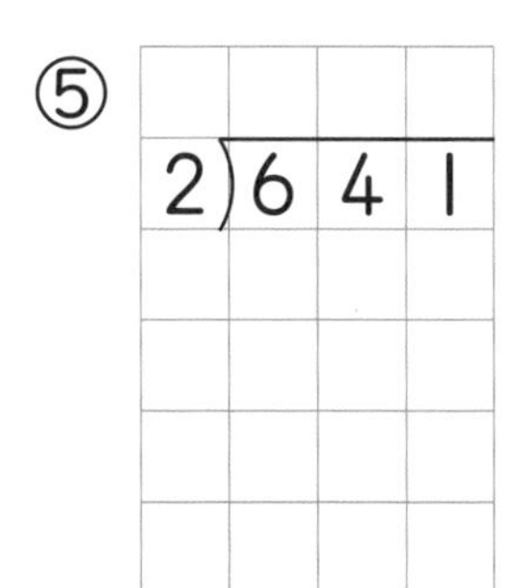

⑥ 3)750

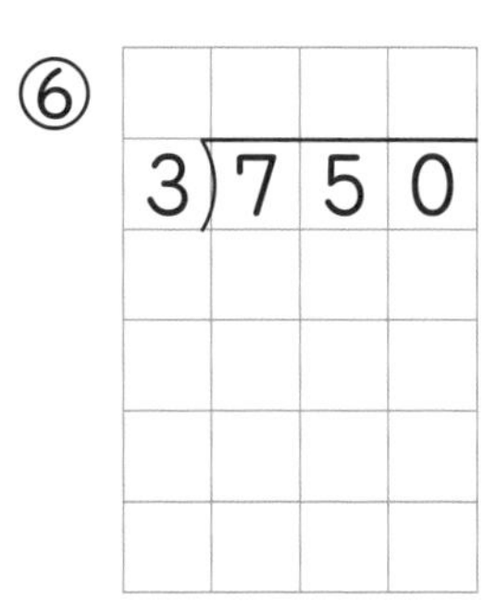

⑦ 7)733

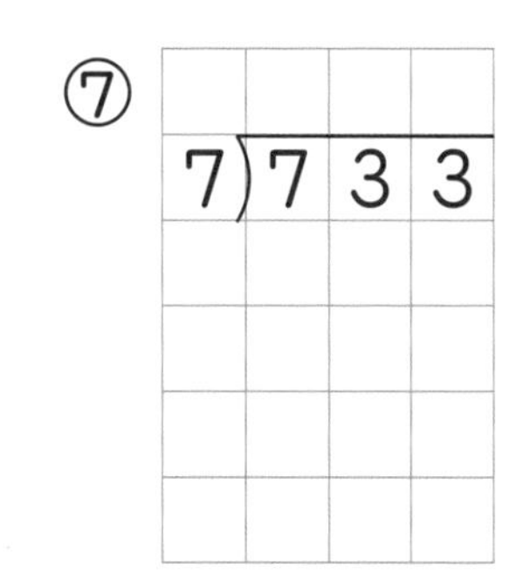

⑧ 4)828

⑨ 4)192

⑩ 9)425

⑪ 3)263

⑫ 5)407

⑬ 8)245

⑭ 6)363

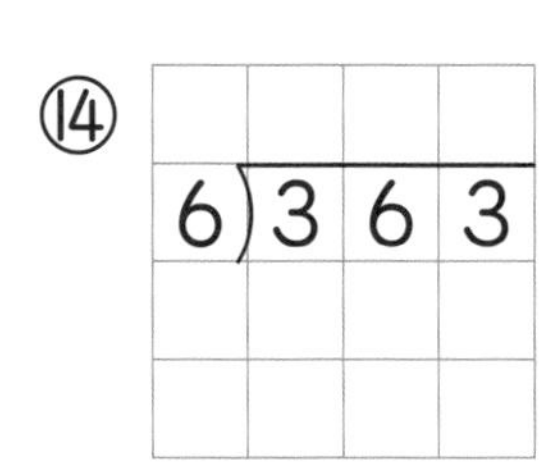

⑮ 9)720

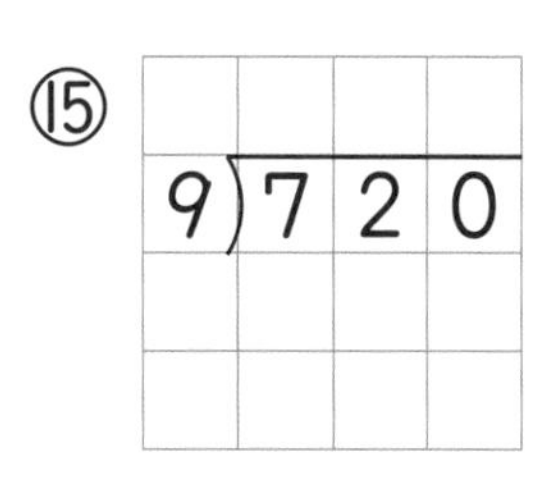

⑯ 7)426

2 計算をしましょう。

①～⑧1つ4点，⑨～⑫1つ5点【52点】

① $2\overline{)753}$

② $9\overline{)763}$

③ $3\overline{)558}$

④ $8\overline{)168}$

⑤ $8\overline{)824}$

⑥ $5\overline{)857}$

⑦ $4\overline{)283}$

⑧ $2\overline{)685}$

⑨ $6\overline{)804}$

⑩ $4\overline{)760}$

⑪ $7\overline{)404}$

⑫ $9\overline{)610}$

答えのたしかめもやってみよう！

毎日こつこつがんばってるね！

答え ▶ 91ページ

14 わり算(1)
暗　算

月　　日　15分

得点　　　点

1 暗算でしましょう。　　1つ3点【18点】

① 52 ÷ 2 = 26

52を40と12にわける。

52 ÷ 2 → 40（❶）と 12（❷）

❶40 ÷ 2 = 20
❷12 ÷ 2 = 6
あわせて 26

② 63 ÷ 3 = □

③ 88 ÷ 4 = □

④ 65 ÷ 5 = □

⑤ 81 ÷ 3 = □

⑥ 90 ÷ 6 = □

⑥は，90を60と30にわけて考えよう。

2 暗算でしましょう。　　1つ3点【18点】

① 480 ÷ 4 = 120
↑ 400と80にわける。

② 860 ÷ 2 = □

③ 720 ÷ 2 = □

④ 840 ÷ 3 = □

⑤ 900 ÷ 5 = □

⑥ 2000 ÷ 8 = □

3 暗算でしましょう。

1つ4点【32点】

① 42 ÷ 2　　② 99 ÷ 3

③ 96 ÷ 4　　④ 78 ÷ 2

⑤ 85 ÷ 5　　⑥ 96 ÷ 6

⑦ 30 ÷ 2　　⑧ 70 ÷ 5

4 暗算でしましょう。

1つ4点【32点】

① 420 ÷ 2　　② 960 ÷ 3

③ 880 ÷ 4　　④ 940 ÷ 2

⑤ 570 ÷ 3　　⑥ 750 ÷ 5

⑦ 600 ÷ 4　　⑧ 1000 ÷ 4

アプリに，とく点を登録しよう！

答え ▶ 91ページ

わり算(1)

15 1けたでわるわり算の練習①

月　日　15分　もくひょう

得点　点

1 計算をしましょう。

1つ3点【48点】

①
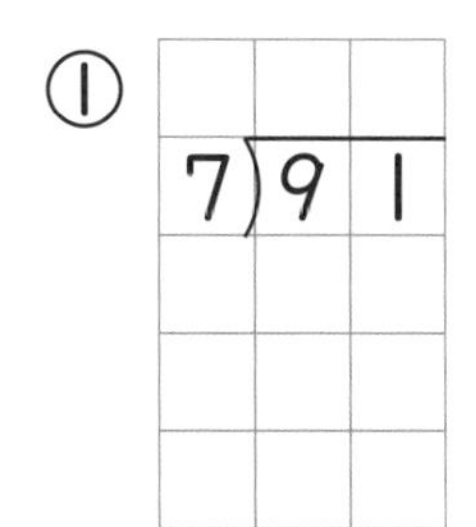

② 3)79

③ 5)93

④
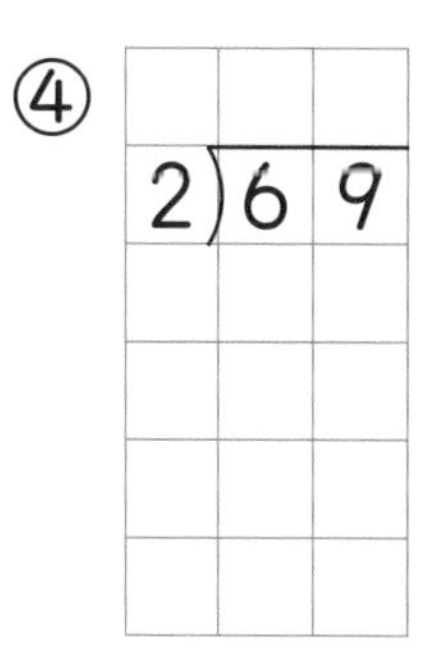

⑤ 2)530

⑥
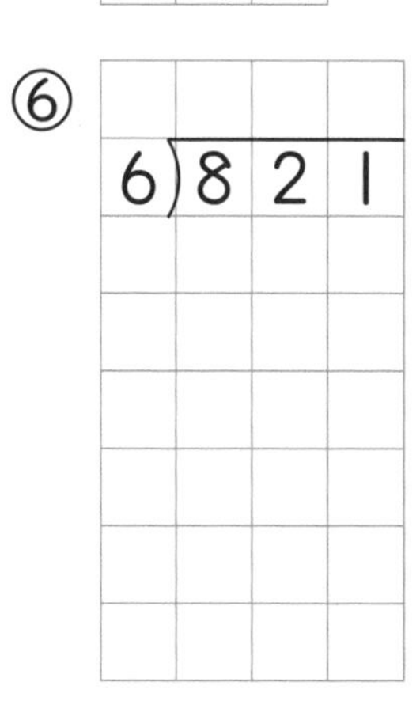

⑦
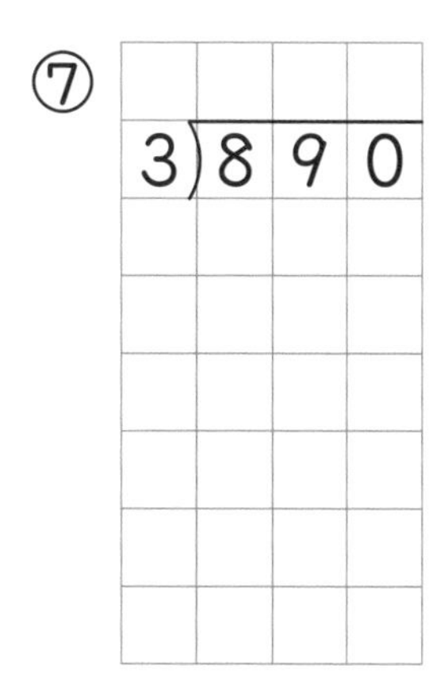

⑧
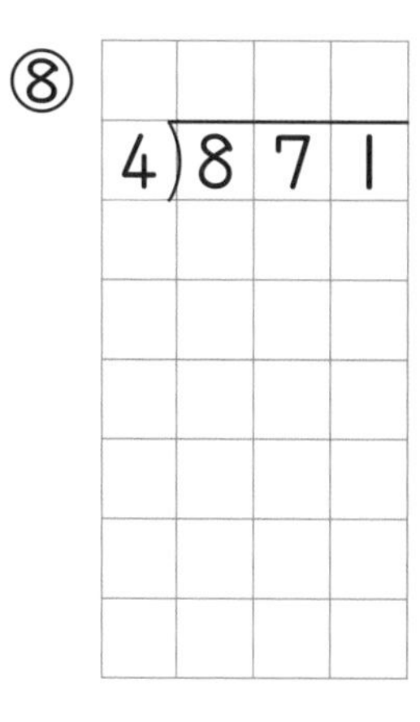

⑨
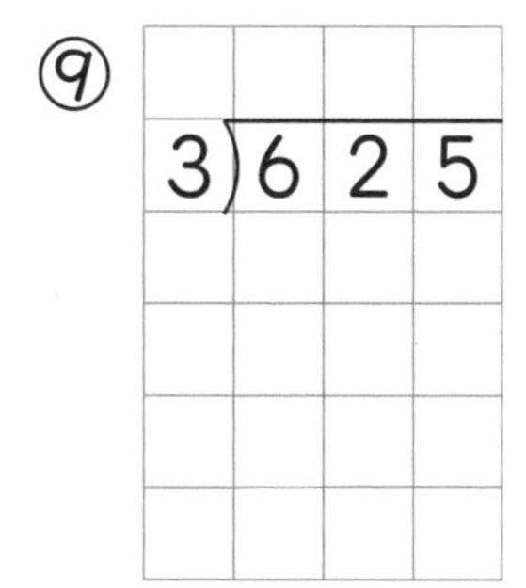

⑩
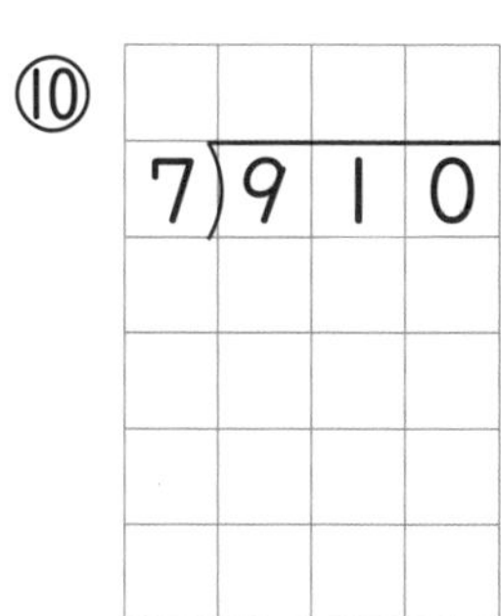

⑪
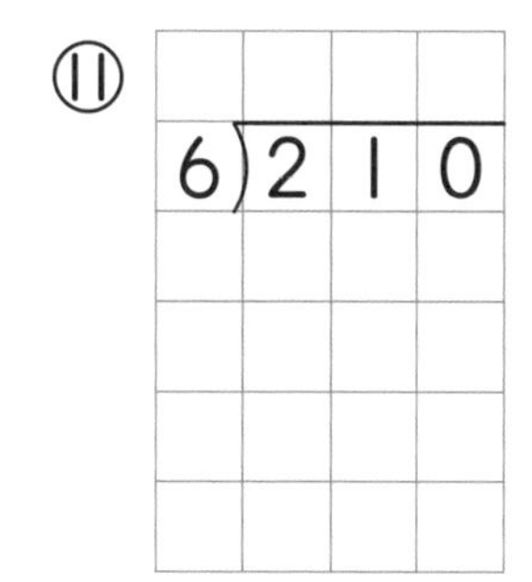

⑫
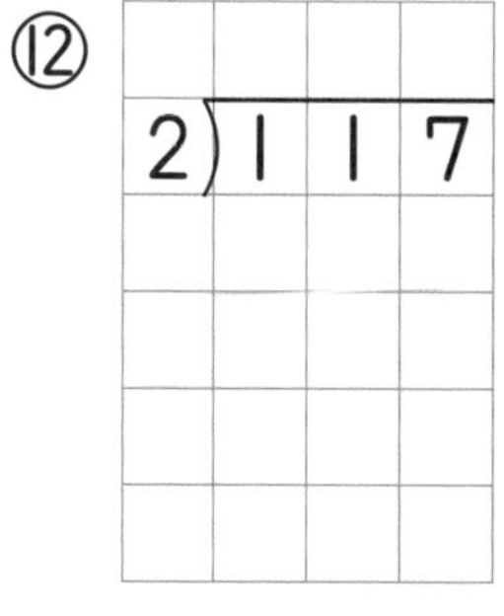

⑬
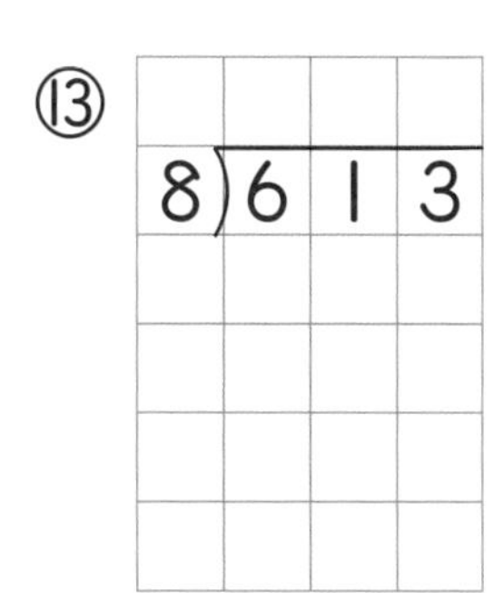

⑭
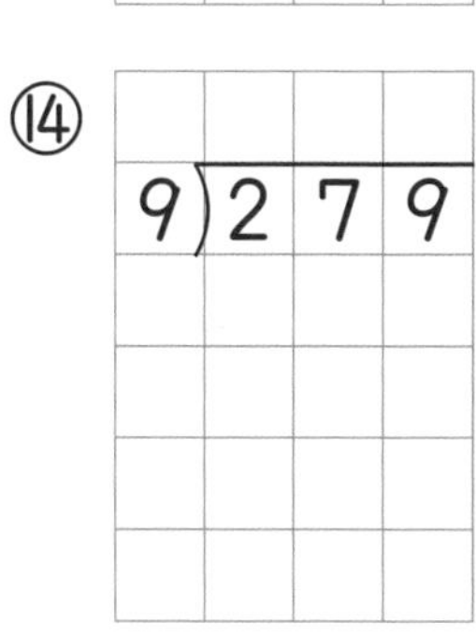

⑮
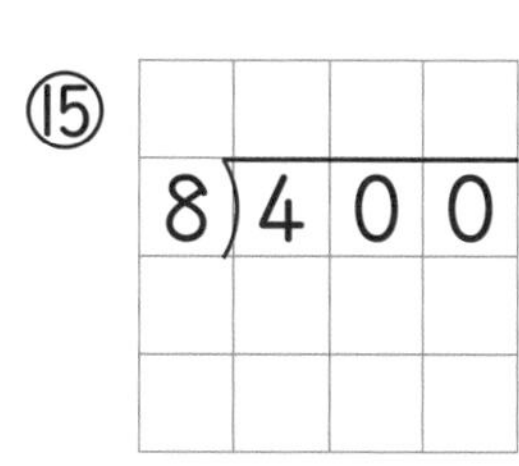

⑯
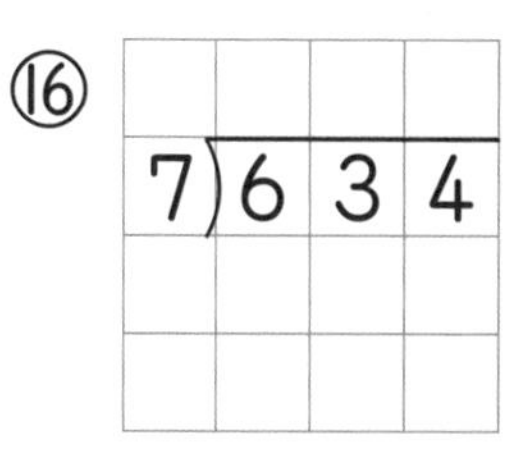

2 計算をしましょう。

①～④1つ3点，⑤～⑭1つ4点【52点】

① $4\overline{)72}$

② $6\overline{)97}$

③ $3\overline{)80}$

④ $8\overline{)85}$

⑤ $8\overline{)512}$

⑥ $5\overline{)345}$

⑦ $6\overline{)502}$

⑧ $4\overline{)975}$

⑨ $3\overline{)204}$

⑩ $6\overline{)248}$

⑪ $2\overline{)847}$

⑫ $7\overline{)532}$

⑬ $4\overline{)286}$

⑭ $9\overline{)970}$

あまりはわる数より
小さくなっているかな？

おうえんしているよ！

答え ▶ 92ページ

16 1けたでわるわり算の練習②

月　日　15分　得点　点

1 計算をしましょう。

1つ3点【24点】

① $2\overline{)56}$　② $4\overline{)93}$　③ $6\overline{)77}$　④ $5\overline{)65}$

⑤ $6\overline{)81}$　⑥ $7\overline{)87}$　⑦ $3\overline{)96}$　⑧ $4\overline{)81}$

2 計算をしましょう。

①～④1つ3点，⑤～⑧1つ4点【28点】

① $5\overline{)785}$　② $2\overline{)557}$　③ $3\overline{)659}$　④ $6\overline{)812}$

⑤ $7\overline{)843}$　⑥ $5\overline{)709}$　⑦ $4\overline{)896}$　⑧ $8\overline{)863}$

3 計算をしましょう。

1つ4点【48点】

① $2\overline{)157}$

② $9\overline{)675}$

③ $4\overline{)311}$

④ $7\overline{)537}$

⑤ $8\overline{)552}$

⑥ $5\overline{)403}$

⑦ $6\overline{)518}$

⑧ $3\overline{)249}$

⑨ $6\overline{)426}$

⑩ $7\overline{)359}$

⑪ $3\overline{)257}$

⑫ $9\overline{)547}$

商はどの位(くらい)からたつかな？

よくがんばったね！　次はパズルだよ。

答え ▶ 92ページ

［なぞなぞわり算］

1 右のなぞなぞの答えを考えてみよう。下のわり算で，答えが3けたになるところ全部に色をぬると，なぞなぞの答えが出てくるよ。

なぞなぞ1
タコ，カニ，イカの中で，いちばんお金持ちはだれかな？

5)491　2)380　4)269　9)871

3)776　7)752　3)159

8)656　5)634　8)952　2)198

7)352

9)906　6)486

8)763

5)490　8)613

7)453　5)155　3)152　4)637　4)368

8)645　9)796

2)199　6)711　2)530

2 右のなぞなぞの答えはわかるかな。こんどは，わり算の答えが2けたになるところ全部に色をぬろう。なぞなぞの答えが出てくるよ。

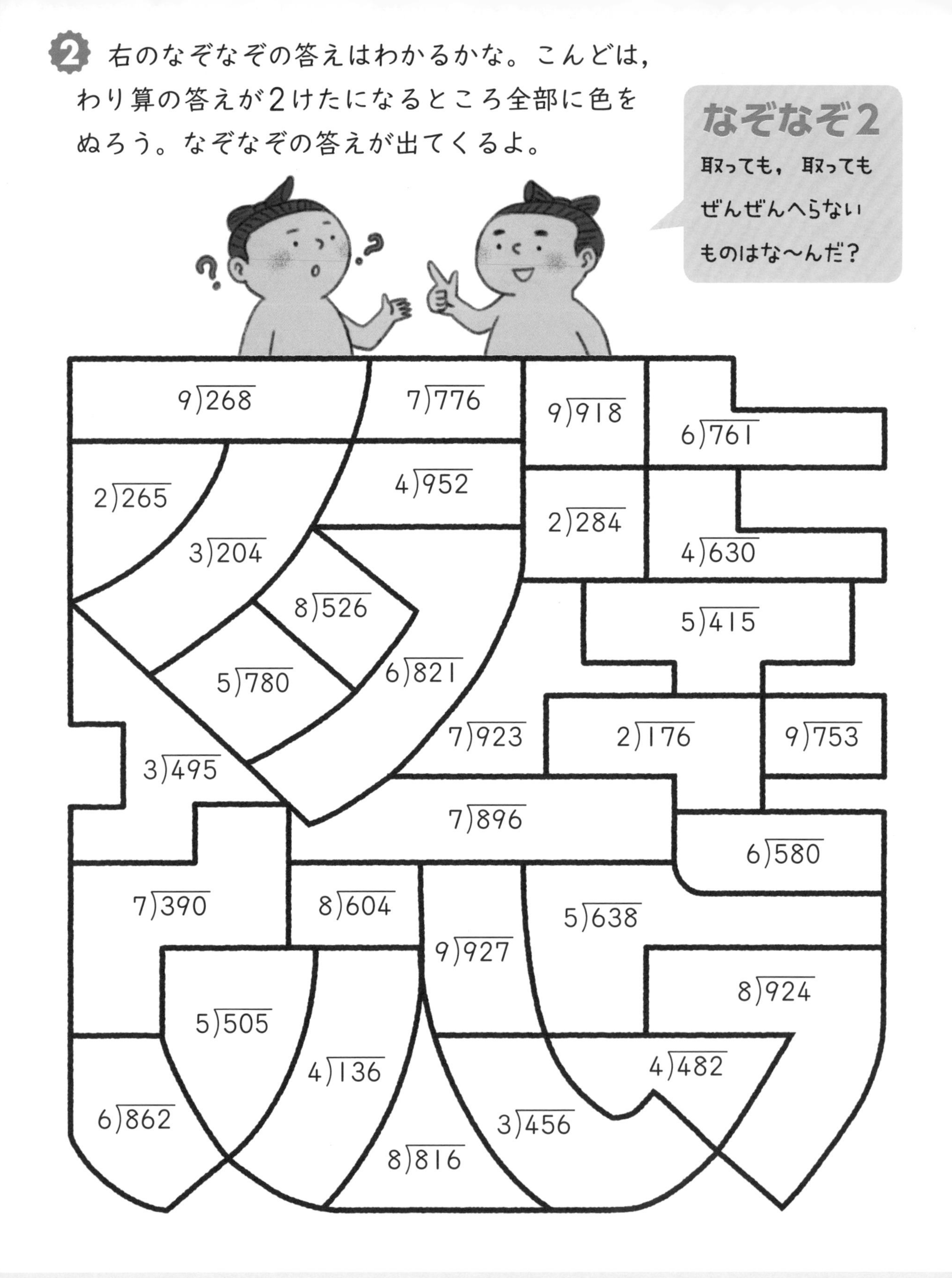

答え ▶ 92ページ

18 わり算(2)

何十でわる計算

月　日　もくひょう 10分

得点　点

1 計算をしましょう。

1つ2点【12点】

① 60÷30＝[2]

10をもとにして考えると，6÷3=2だから，
60÷30=2

② 80÷20＝[ ]

③ 90÷30＝[ ]　④ 240÷40＝[ ]

⑤ 360÷60＝[ ]　⑥ 400÷80＝[ ]

2 計算をしましょう。

1つ3点【24点】

① 70÷30＝[2] あまり [10]

10をもとにして考えると，
7÷3=2あまり1
あまりの1は，10が1こだから，
70÷30=2あまり10

② 60÷40＝[ ] あまり [ ]

③ 50÷20＝[ ] あまり [ ]

④ 370÷50＝[ ] あまり [ ]　⑤ 160÷70＝[ ] あまり [ ]

⑥ 350÷80＝[ ] あまり [ ]　⑦ 400÷90＝[ ] あまり [ ]

⑧ 220÷60＝[ ] あまり [ ]

3 計算をしましょう。

1つ3点【24点】

① $60 \div 20$

② $80 \div 40$

③ $480 \div 60$

④ $210 \div 30$

⑤ $280 \div 70$

⑥ $630 \div 90$

⑦ $480 \div 80$

⑧ $400 \div 50$

4 計算をしましょう。

1つ4点【40点】

① $70 \div 20$

② $90 \div 40$

③ $50 \div 30$

④ $230 \div 50$

⑤ $310 \div 40$

⑥ $520 \div 60$

⑦ $590 \div 80$

⑧ $410 \div 70$

⑨ $200 \div 30$

⑩ $420 \div 90$

2けたでわるわり算がはじまるよ！

答え ▶ 93ページ

19 わり算(2)
2けた÷2けたの筆算①

1 計算をしましょう。

1つ4点【24点】

①

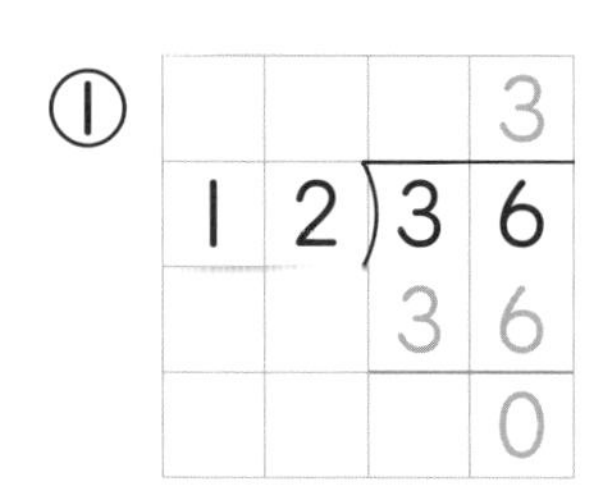

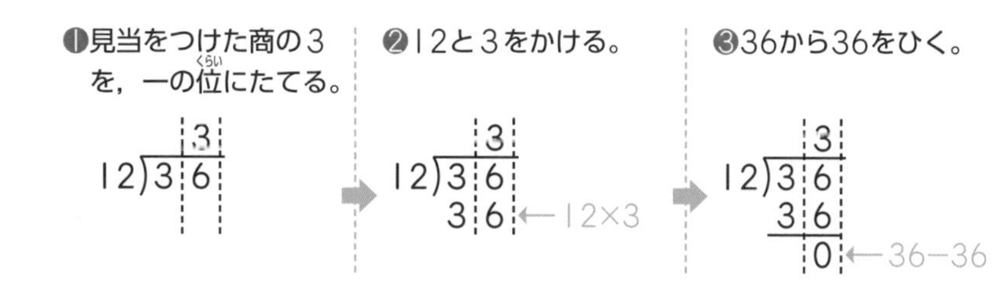

②

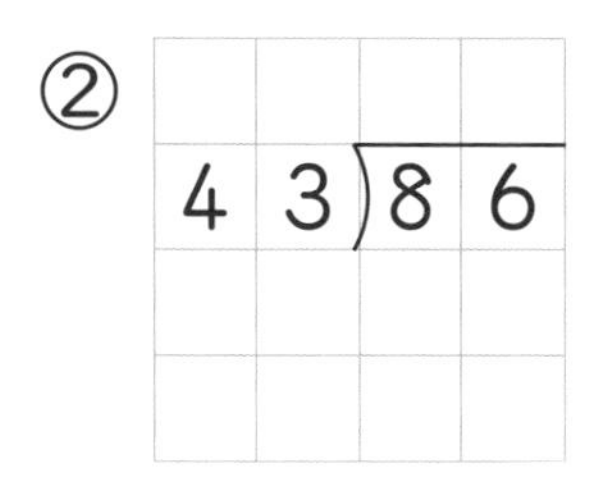

③

④

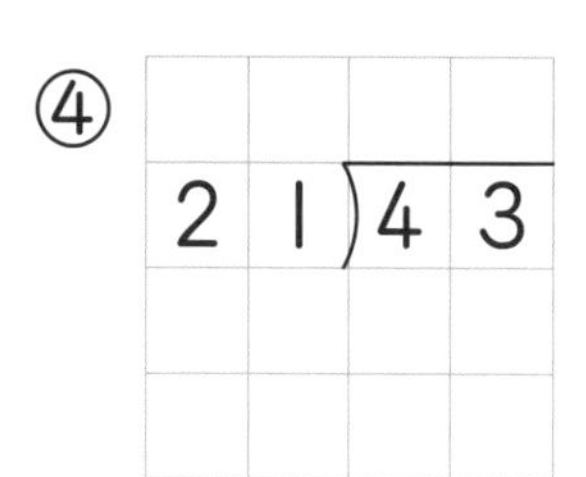

⑤

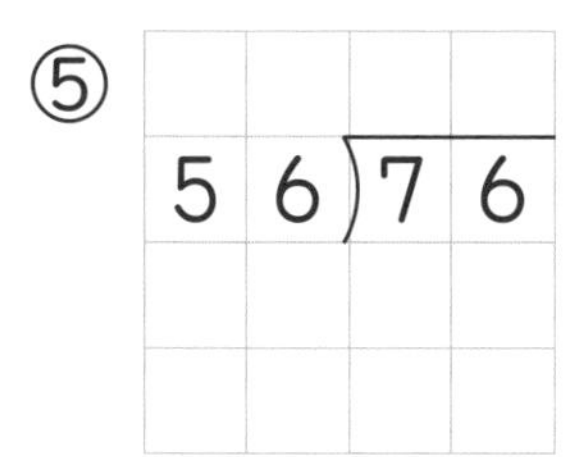

⑥

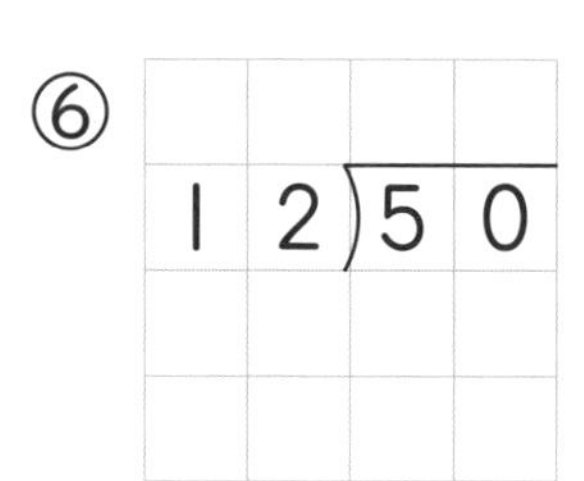

2 計算をしましょう。また，答えのたしかめもしましょう。

わり算，たしかめ1つ3点【6点】

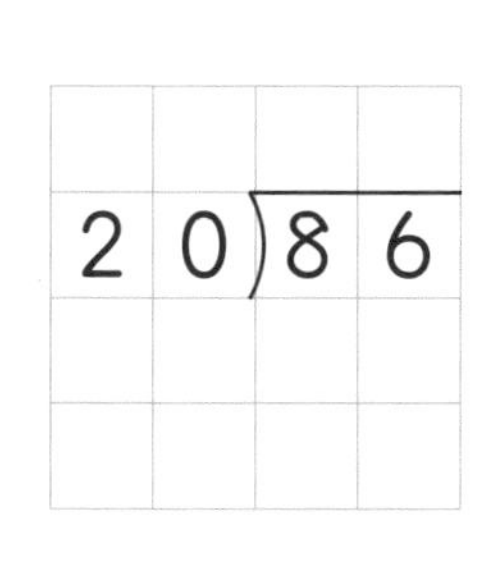

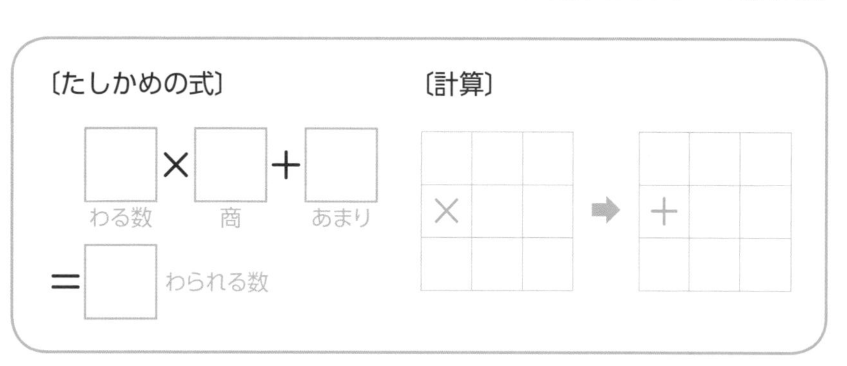

3 計算をしましょう。

1つ5点【60点】

① $13\overline{)26}$

② $12\overline{)48}$

③ $41\overline{)82}$

④ $32\overline{)96}$

⑤ $21\overline{)84}$

⑥ $44\overline{)88}$

⑦ $31\overline{)63}$

⑧ $11\overline{)57}$

⑨ $20\overline{)63}$

⑩ $32\overline{)70}$

⑪ $67\overline{)83}$

⑫ $24\overline{)57}$

4 計算をしましょう。また，答えのたしかめもしましょう。

わり算，たしかめ1つ5点【10点】

$22\overline{)90}$

〔たしかめの式と計算〕

わる数×商＋あまり＝わられる数　だね。

答え ▶ 93ページ

20 わり算(2) 2けた÷2けたの筆算②

月　日　10分

得点　点

1 計算をしましょう。

1つ4点【40点】

①

			2
2	3	) 6	5
		4	6
		1	9

❶23を20，65を60とみて，60÷20から，商の見当をつける。

$$23\overline{)65}$$ 商 3　大きすぎた　69 ←23×3　←ひけない

1小さくする。

❷商が大きすぎたら，商を小さくしていく。

$$23\overline{)65}$$ 商 2　46 ←23×2　19 ←65−46

②

			4
1	8	) 7	6
		7	2
			4

❶18を20，76を70とみて，70÷20から，商の見当をつける。

$$18\overline{)76}$$ 商 3　小さすぎた　54 ←18×3　22 ←わる数より大きい

1大きくする。

❷商が小さすぎたら，商を大きくしていく。

$$18\overline{)76}$$ 商 4　72 ←18×4　4 ←76−72

③ $21\overline{)83}$

④ $13\overline{)97}$

⑤ $23\overline{)63}$

⑥ $13\overline{)51}$

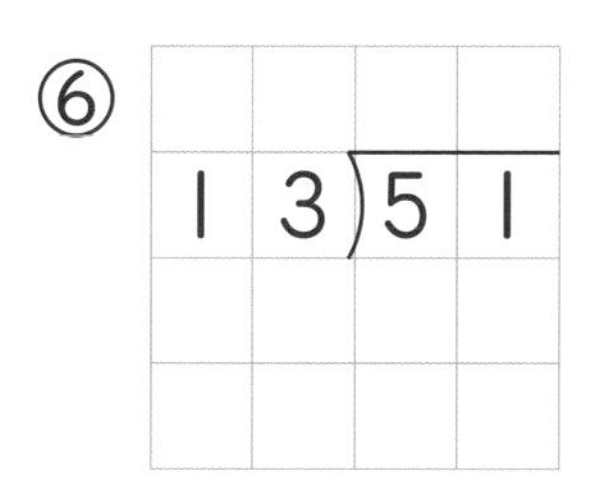

⑦ $29\overline{)88}$

⑧ $17\overline{)68}$

⑨ $48\overline{)96}$

⑩ $19\overline{)80}$

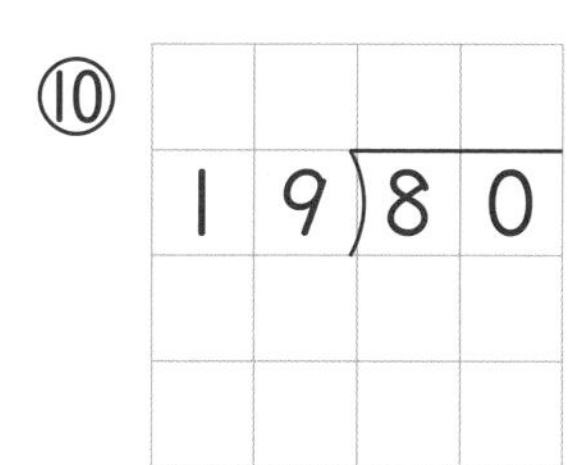

ある数だけを何十とみて，商の見当をつけてもいいよ。

2 計算をしましょう。

1つ4点【60点】

① $24\overline{)68}$

② $12\overline{)94}$

③ $23\overline{)81}$

④ $14\overline{)53}$

⑤ $32\overline{)62}$

⑥ $13\overline{)80}$

⑦ $27\overline{)62}$

⑧ $29\overline{)64}$

⑨ $38\overline{)77}$

⑩ $18\overline{)90}$

⑪ $19\overline{)62}$

⑫ $39\overline{)83}$

⑬ $27\overline{)81}$

⑭ $19\overline{)95}$

⑮ $18\overline{)91}$

半分まできたね。残(のこ)りもがんばろう！

答え ▶ 94ページ

21 わり算(2)
2けた÷2けたの筆算③

1 計算をしましょう。　　1つ4点【40点】

①
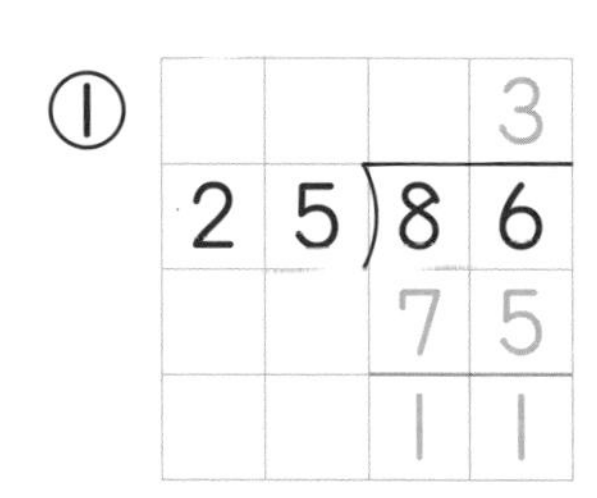

●25を20とみて商の見当をつける。

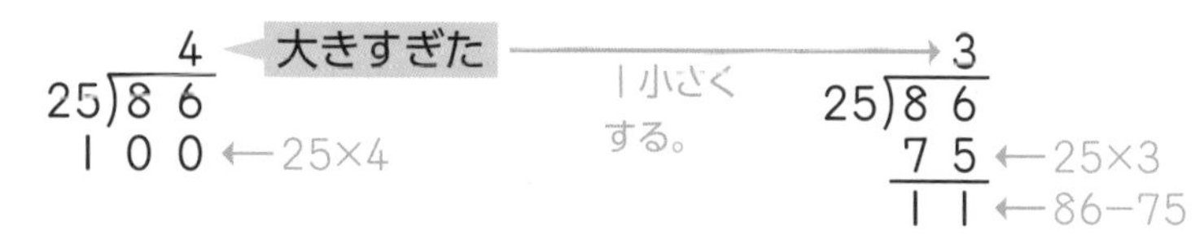

●25を30とみて商の見当をつける。

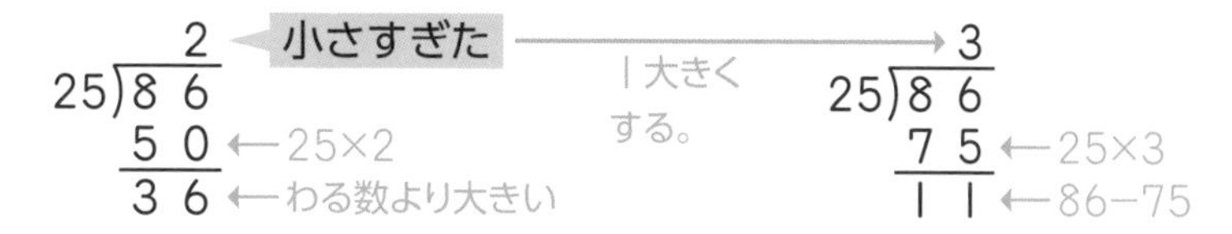

どちらの商の見当のつけ方でもいいよ。

②
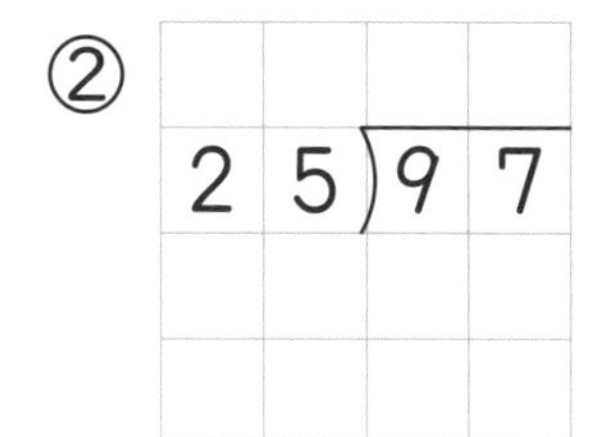

③ 14)66

④
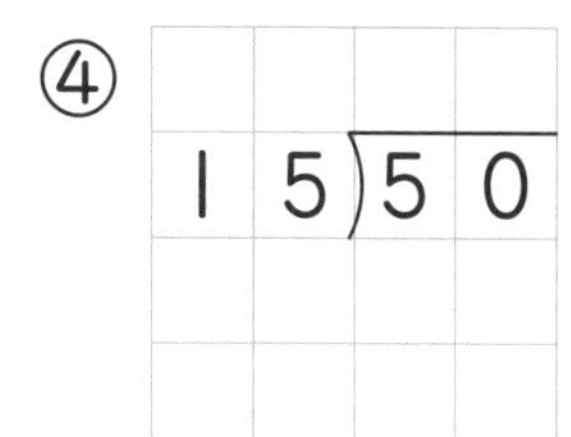

⑤ 25)52

⑥
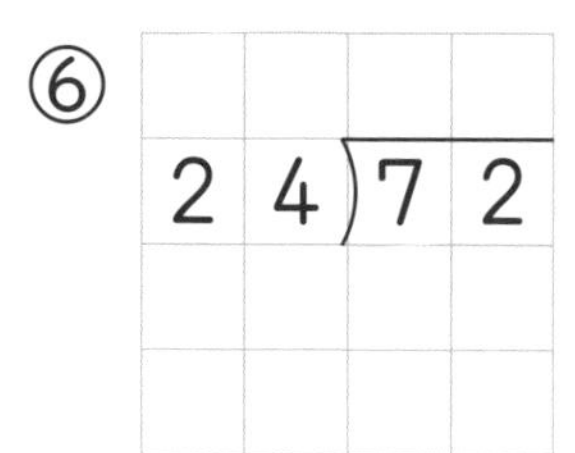

⑦
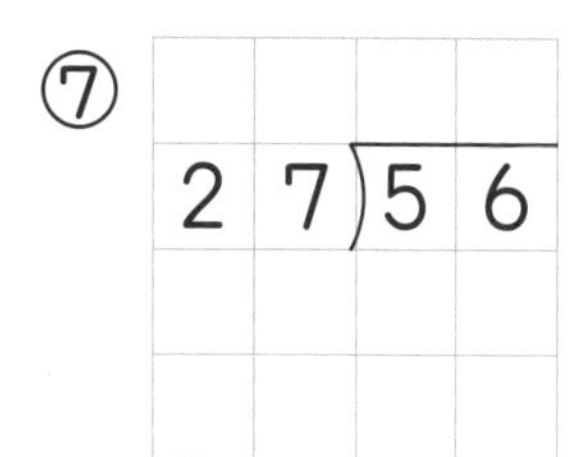

⑧
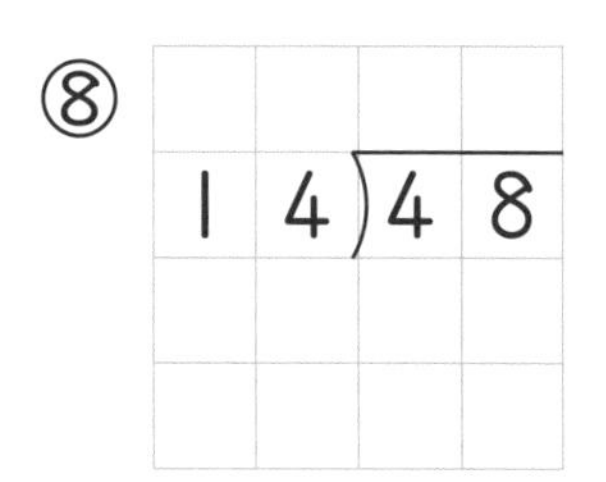

⑨
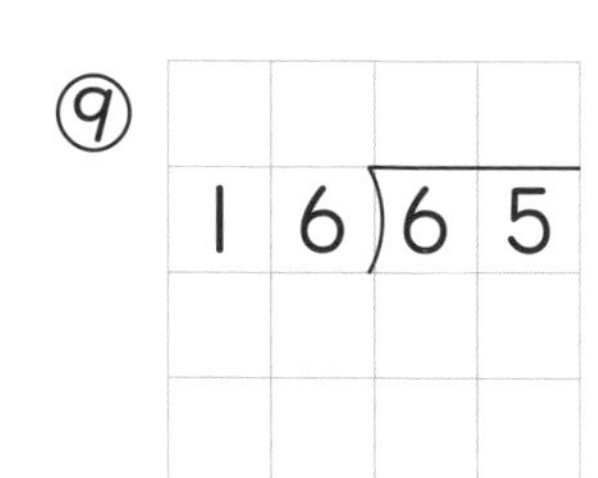

⑩
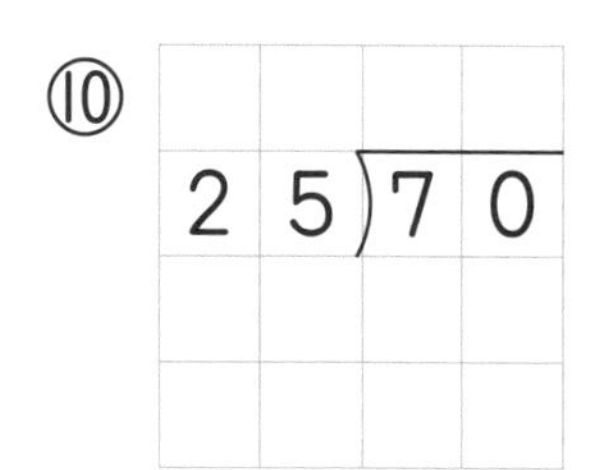

2 計算をしましょう。

1つ5点【60点】

① $15\overline{)48}$

② $17\overline{)37}$

③ $14\overline{)41}$

④ $15\overline{)35}$

⑤ $24\overline{)81}$

⑥ $25\overline{)90}$

⑦ $15\overline{)46}$

⑧ $25\overline{)82}$

⑨ $34\overline{)70}$

⑩ $26\overline{)94}$

⑪ $36\overline{)94}$

⑫ $24\overline{)99}$

商の見当をつけることが大切だよ！

答え ▶ 95ページ

22 わり算(2) 3けた÷2けた＝1けたの筆算

15分

月　日

得点　　点

1 計算をしましょう。

1つ4点【36点】

①

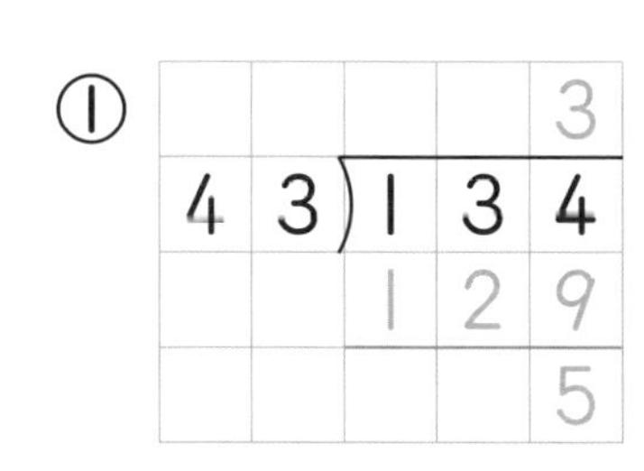

43)134 の商 3、43×3＝129、134−129＝5

❶13÷43だから，十の位(くらい)に商はたたない。
→商は一の位にたつ。

43)134　□

❷130÷40と考えて，商の見当をつけて計算する。

43)134　商 3
129 ←43×3
5 ←134−129

①の商の見当は，
134÷43
↓
130÷40
↓
13÷4
でもよいね。
ある数を何十とみて商の見当をつけてもよいよ。

② 53)265

③ 25)128

④ 19)187

⑤

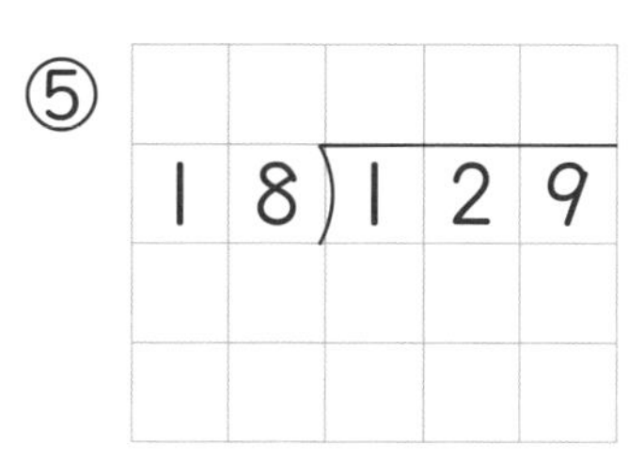

18)129

⑥

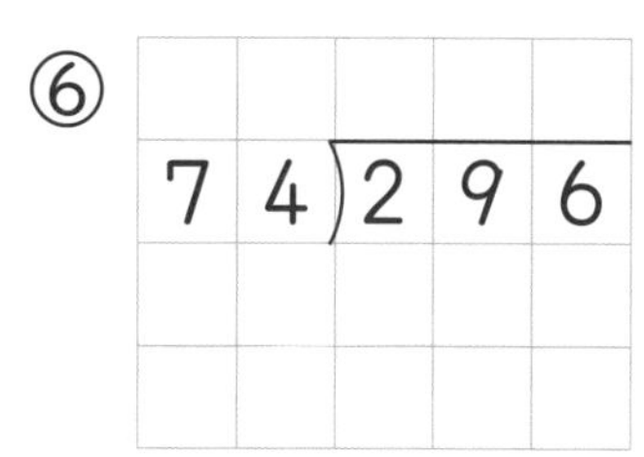

74)296

⑦ 41)247

⑧

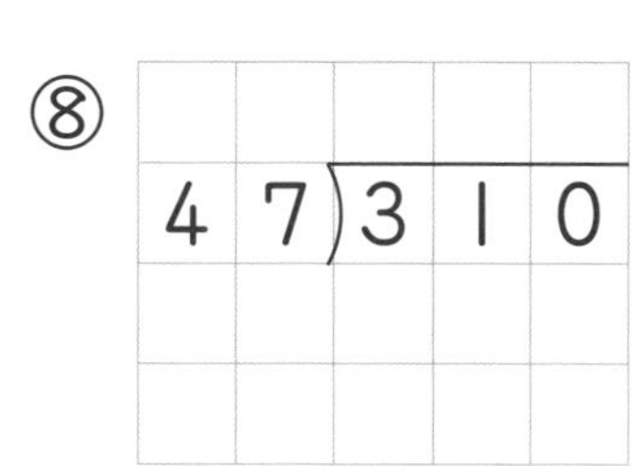

47)310

⑨

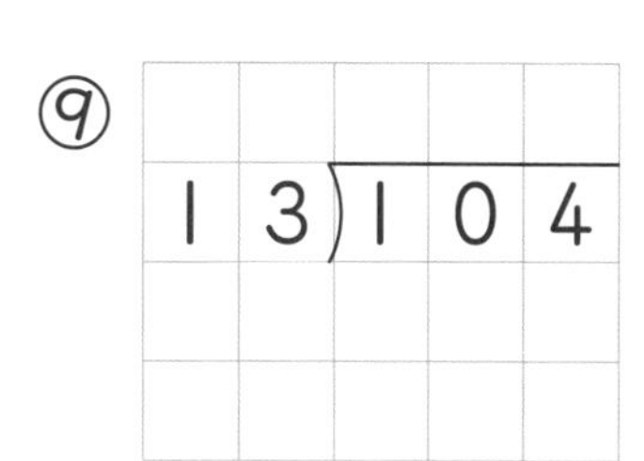

13)104

2 計算をしましょう。

①～⑪1つ4点，⑫～⑮1つ5点【64点】

① $24\overline{)145}$

② $81\overline{)324}$

③ $23\overline{)178}$

④ $58\overline{)240}$

⑤ $48\overline{)352}$

⑥ $25\overline{)163}$

⑦ $67\overline{)611}$

⑧ $26\overline{)104}$

⑨ $46\overline{)142}$

⑩ $32\overline{)215}$

⑪ $15\overline{)125}$

⑫ $52\overline{)460}$

⑬ $27\overline{)216}$

⑭ $46\overline{)340}$

⑮ $16\overline{)118}$

2けたでわる筆算はバッチリだね！

答え ▶ 95ページ

23 わり算(2)
2けたでわる筆算の練習①

もくひょう 15分

月　日

得点　　点

1 計算をしましょう。

1つ3点【15点】

① 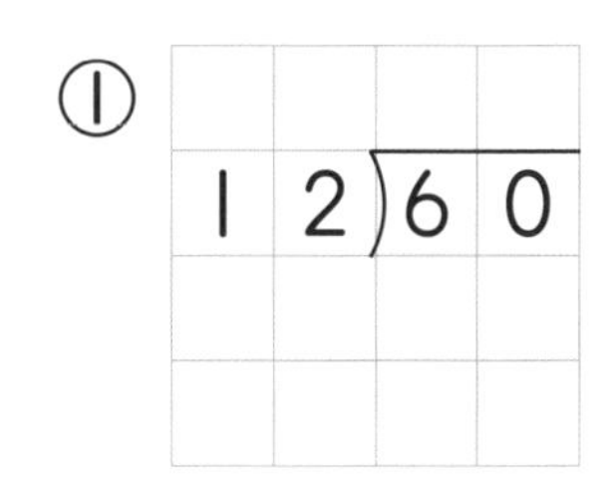

② 29)81

③ 16)48

④ 13)82

⑤ 28)87

2 計算をしましょう。

1つ3点【27点】

① 63)189

② 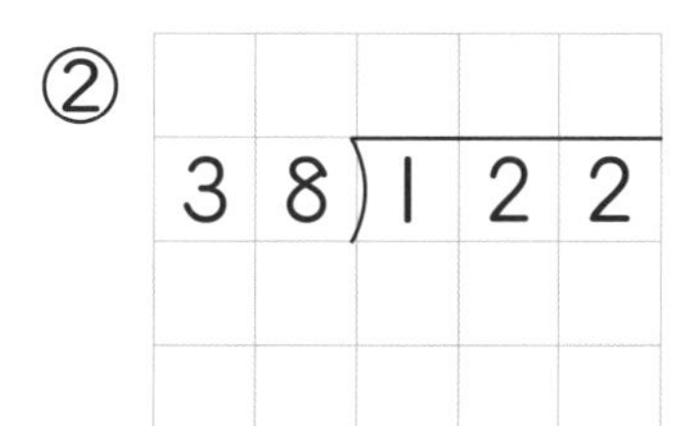

③ 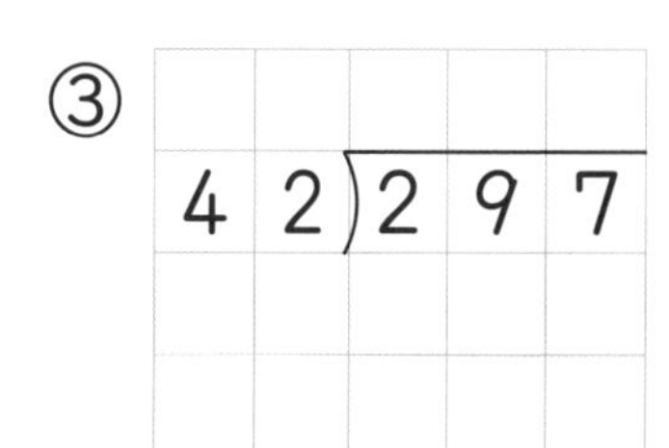

④ 54)415

⑤ 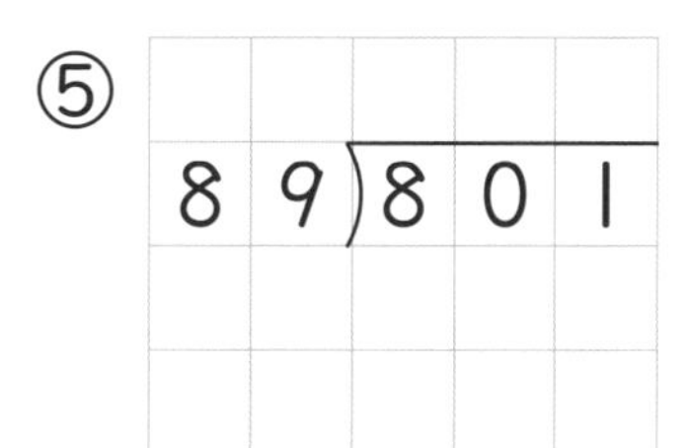

⑥ 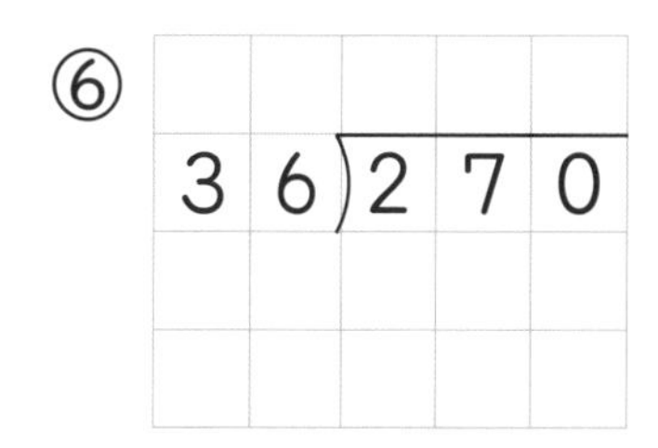

⑦ 34)223

⑧ 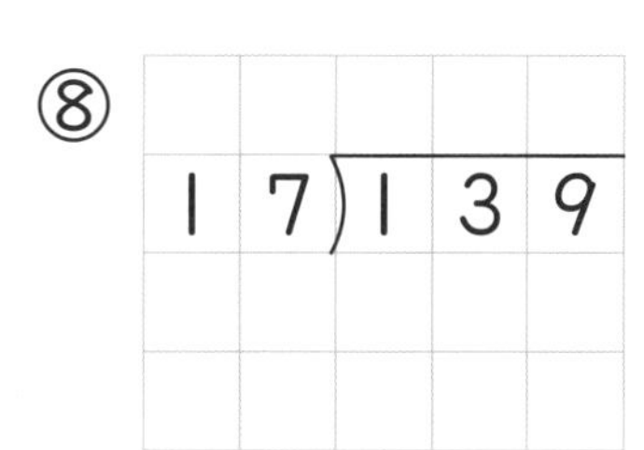

⑨ 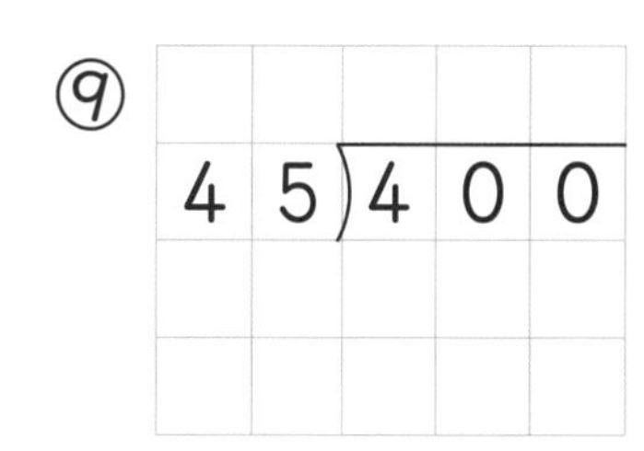

3 計算をしましょう。

①・②1つ3点，③〜⑮1つ4点【58点】

① $21\overline{)71}$

② $38\overline{)76}$

③ $27\overline{)90}$

④ $14\overline{)84}$

⑤ $18\overline{)81}$

⑥ $36\overline{)91}$

⑦ $21\overline{)126}$

⑧ $39\overline{)203}$

⑨ $62\overline{)255}$

⑩ $33\overline{)279}$

⑪ $46\overline{)138}$

⑫ $25\overline{)160}$

⑬ $86\overline{)258}$

⑭ $14\overline{)121}$

⑮ $37\overline{)250}$

見直しはしたかな？

答え ▶ 96ページ

わり算(2)

24 3けた÷2けた＝2けたの筆算①

1 計算をしましょう。　1つ4点【28点】

①

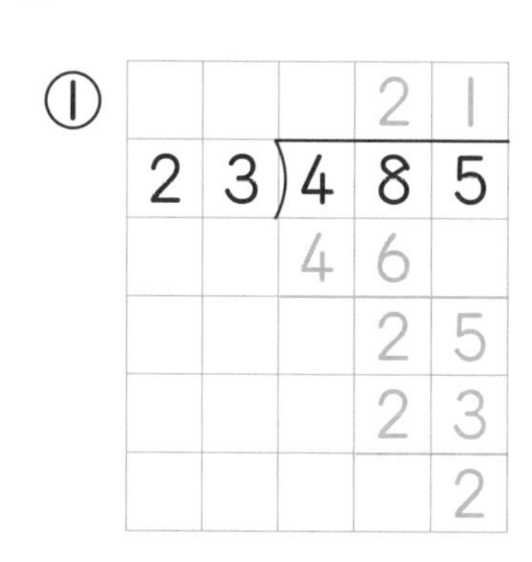

十の位の計算

$$
\begin{array}{r}
2 \\
23\overline{)485} \\
46 \\
\hline
2
\end{array}
$$

←48÷23で，2をたてる。
←23×2
←48−46

※百の位に商はたたないので，商は十の位からたつ。

一の位の計算

● 5をおろす。

$$
\begin{array}{r}
21 \\
23\overline{)485} \\
46 \\
\hline
25 \\
23 \\
\hline
2
\end{array}
$$

←25÷23で，1をたてる。
←23×1
←25−23

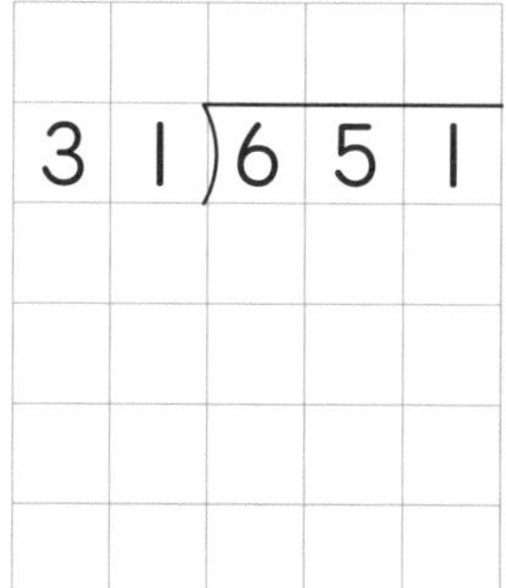

② $31\overline{)651}$

③ $24\overline{)770}$

商が十の位からたつね。

④ $17\overline{)391}$

⑤ $38\overline{)842}$

⑥ $43\overline{)911}$

⑦ $12\overline{)516}$

2 計算をしましょう。

1つ6点【72点】

① $21\overline{)882}$

② $32\overline{)710}$

③ $22\overline{)691}$

④ $23\overline{)555}$

⑤ $25\overline{)525}$

⑥ $28\overline{)652}$

⑦ $47\overline{)987}$

⑧ $15\overline{)648}$

⑨ $19\overline{)608}$

⑩ $26\overline{)810}$

⑪ $16\overline{)832}$

⑫ $27\overline{)880}$

アプリは使ってみたかな？

答え ▶ 96ページ

わり算(2)

25 3けた÷2けた=2けたの筆算②

1 計算をしましょう。

1つ6点【24点】

①

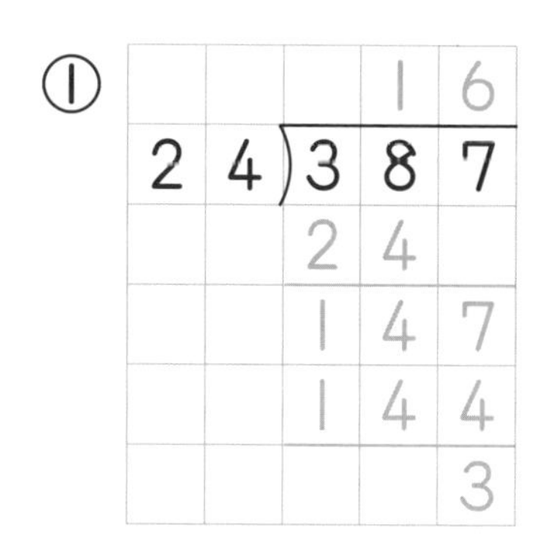

② 39)546

③

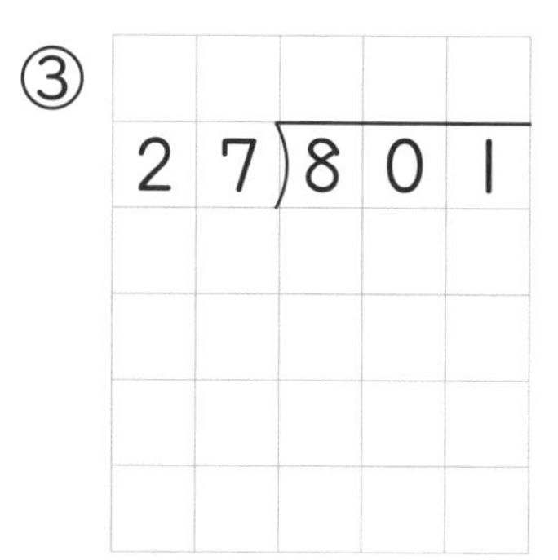

④

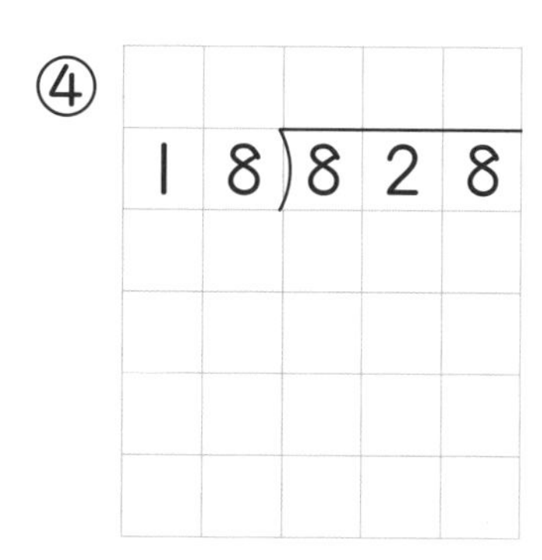

とちゅうのひき算が
(3けた)−(3けた)
だよ。

2 計算をしましょう。

1つ5点【15点】

①

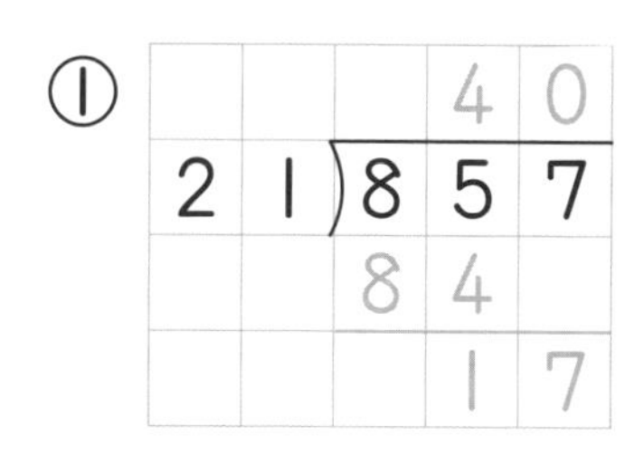

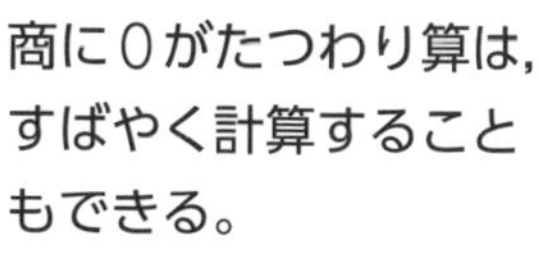

商に0がたつわり算は,
すばやく計算すること
もできる。
※0を書きわすれない
ように注意する。

```
      4 0
21)8 5 7
   8 4
   ---
     1 7
       0   ←省いてもよい。
     ---
     1 7
```

17÷21で,
0がたつ。

省(はぶ)いてもよい。

②

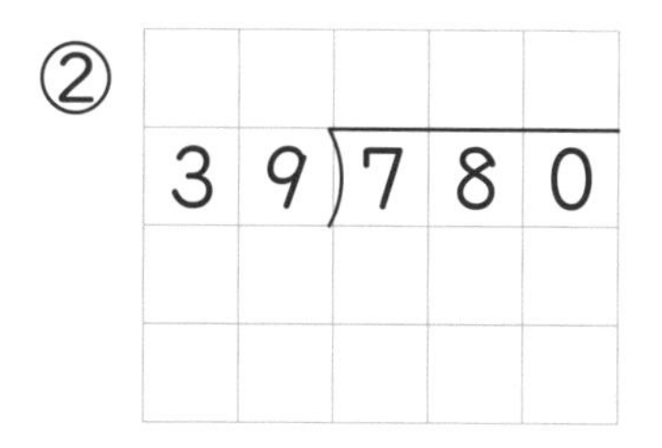

③

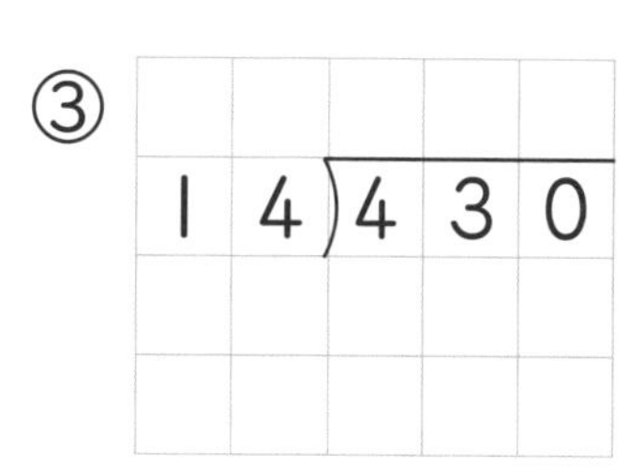

3 計算をしましょう。

1つ6点【36点】

① $41\overline{)951}$

② $32\overline{)768}$

③ $26\overline{)892}$

④ $19\overline{)912}$

⑤ $39\overline{)985}$

⑥ $24\overline{)852}$

4 計算をしましょう。

1つ5点【25点】

① $43\overline{)860}$

② $12\overline{)728}$

③ $31\overline{)942}$

④ $17\overline{)680}$

⑤ $28\overline{)853}$

3けた÷2けたもバッチリだね！

答え ▶ 97ページ

26 わり算(2)
2けたでわる筆算の練習②

月　　日　もくひょう 15分

得点　　点

1 計算をしましょう。

1つ4点【40点】

① 29)609

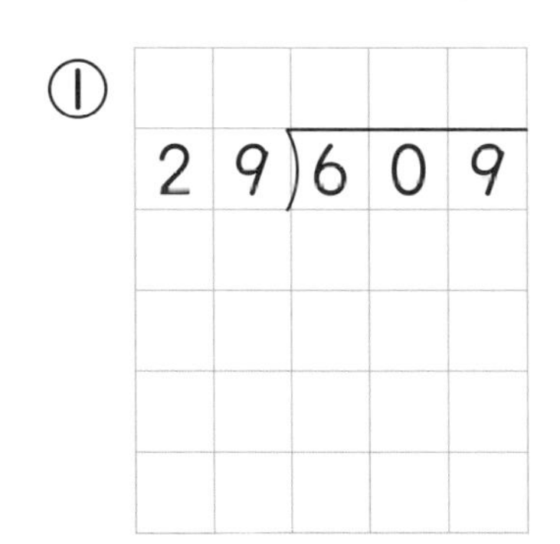

② 41)905

③ 18)782

④ 34)425

⑤ 38)874

⑥ 23)846

⑦ 16)770

⑧ 27)963

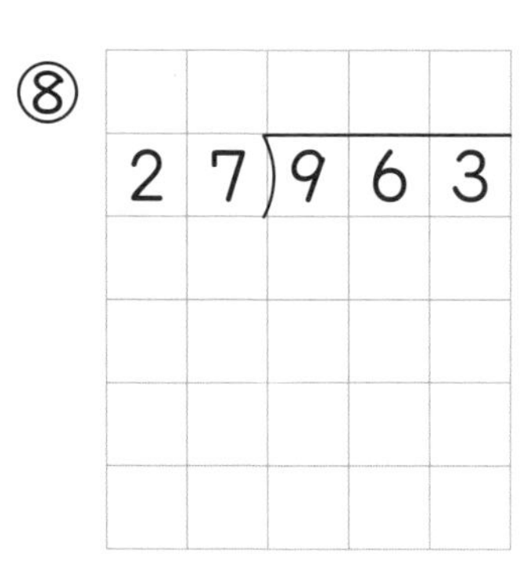

⑨ 26)780

⑩ 19)772

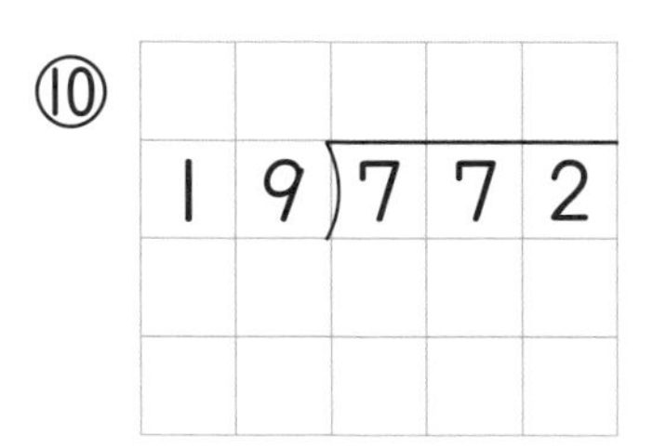

商の見当をつけるときは，
自分のやりやすい
考え方でいいよ。

2 計算をしましょう。

1つ5点【60点】

① $19\overline{)463}$

② $32\overline{)736}$

③ $42\overline{)906}$

④ $23\overline{)787}$

⑤ $13\overline{)602}$

⑥ $18\overline{)767}$

⑦ $36\overline{)732}$

⑧ $35\overline{)595}$

⑨ $17\overline{)646}$

⑩ $49\overline{)901}$

⑪ $16\overline{)800}$

⑫ $54\overline{)830}$

商の見当になれてきたかな？

答え ▶ 98ページ

27 わり算(2)
2けたでわる筆算の練習③

月　日　15分

得点　点

1 計算をしましょう。

1つ4点【44点】

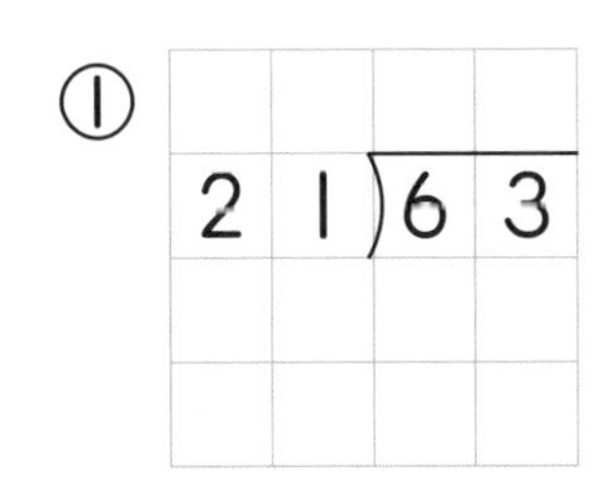

① 21)63

② 18)81

③ 35)80

④ 32)192

⑤ 25)800

⑥ 17)133

⑦ 46)782

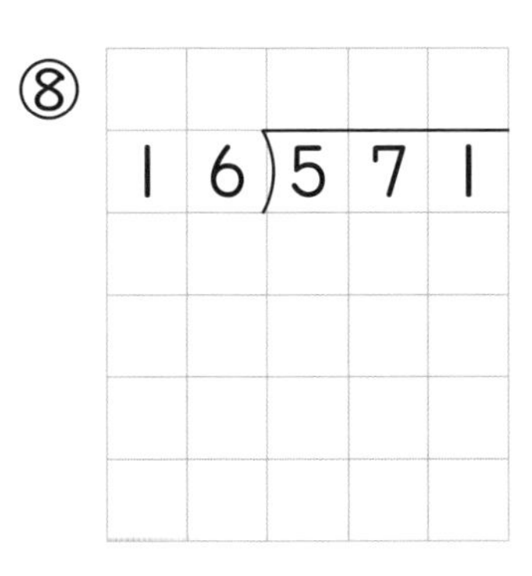

⑧ 16)571

⑨ 68)321

⑩ 34)899

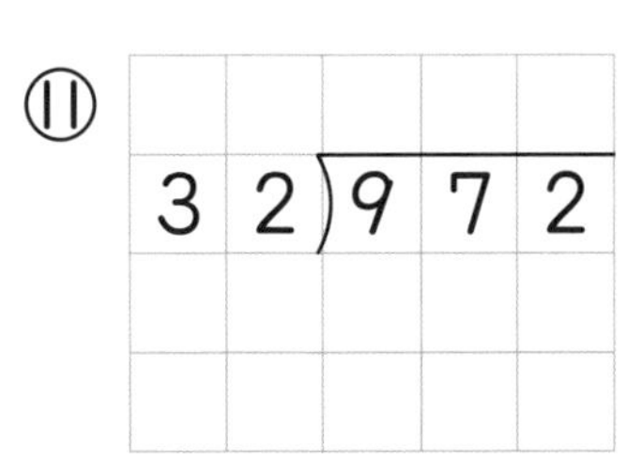

⑪ 32)972

たてる → かける → ひく → おろす
だね！

2 計算をしましょう。

①〜④1つ4点，⑤〜⑫1つ5点【56点】

① $23\overline{)97}$

② $43\overline{)86}$

③ $17\overline{)52}$

④ $14\overline{)117}$

⑤ $36\overline{)756}$

⑥ $58\overline{)831}$

⑦ $31\overline{)715}$

⑧ $13\overline{)637}$

⑨ $28\overline{)168}$

⑩ $47\overline{)304}$

⑪ $38\overline{)760}$

⑫ $68\overline{)970}$

答えのたしかめもしようね。

答え ▶ 98ページ

28 わり算(2)

2けたでわる筆算の練習④

月　日　15分

得点　点

1 計算をしましょう。

1つ2点【4点】

① 80÷40　② 590÷80

2 計算をしましょう。

1つ3点【24点】

① $12\overline{)51}$　② $35\overline{)70}$　③ $36\overline{)78}$　④ $43\overline{)99}$

⑤ $26\overline{)80}$　⑥ $14\overline{)92}$　⑦ $16\overline{)96}$　⑧ $29\overline{)85}$

3 計算をしましょう。

1つ4点【24点】

① $32\overline{)131}$　② $28\overline{)196}$　③ $19\overline{)127}$

④ $93\overline{)465}$　⑤ $87\overline{)280}$　⑥ $43\overline{)321}$

4 計算をしましょう。

1つ4点【48点】

① $22\overline{)462}$

② $18\overline{)870}$

③ $34\overline{)756}$

④ $42\overline{)969}$

⑤ $25\overline{)950}$

⑥ $17\overline{)918}$

⑦ $24\overline{)960}$

⑧ $38\overline{)461}$

⑨ $27\overline{)756}$

⑩ $57\overline{)820}$

⑪ $16\overline{)812}$

⑫ $24\overline{)900}$

次は，4けた÷2けたにチャレンジ！

答え ▶ 99ページ

29 わり算(3)
4けた÷2けたの筆算

1 計算をしましょう。　1つ8点【40点】

①

```
      373
21)7833
   63
   153
   147
     63
     63
      0
```

百の位の計算

78÷21で，3をたてる。

```
      3
21)7833
   63
   15
```

➡ **十の位の計算**

153÷21で，7をたてる。

```
      37
21)7833
   63
   153
   147
     6
```

➡ **一の位の計算**

63÷21で，3をたてる。

```
      373
21)7833
   63
   153
   147
     63
     63
      0
```

②

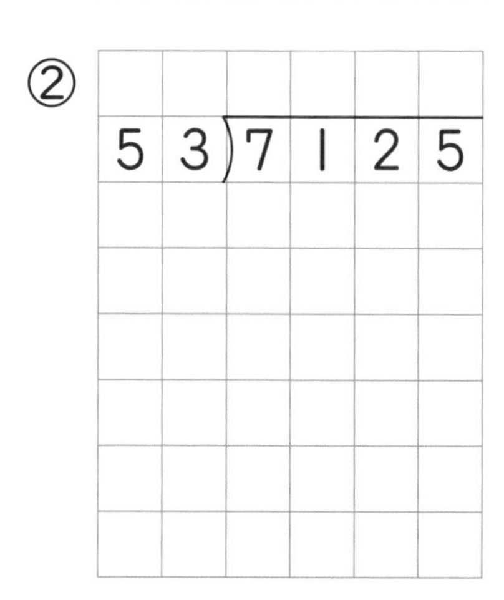

③ 18)5731

商は百の位にたたないので，
十の位からたてる。

④

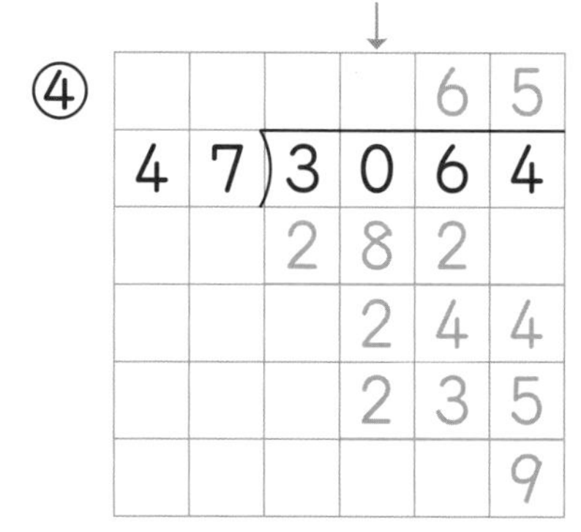

⑤

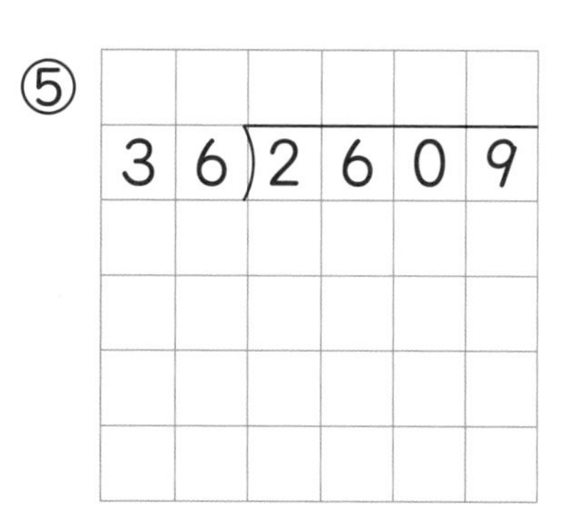

2 計算をしましょう。

1つ5点【60点】

① $34\overline{)4182}$

② $52\overline{)7107}$

③ $48\overline{)5630}$

④ $17\overline{)7419}$

⑤ $68\overline{)9724}$

⑥ $26\overline{)5417}$

⑦ $82\overline{)2946}$

⑧ $37\overline{)3071}$

⑨ $29\overline{)2139}$

⑩ $53\overline{)4505}$

⑪ $46\overline{)3260}$

⑫ $76\overline{)5098}$

4けたをわるわり算もマスターしたね。

答え ▶ 99ページ

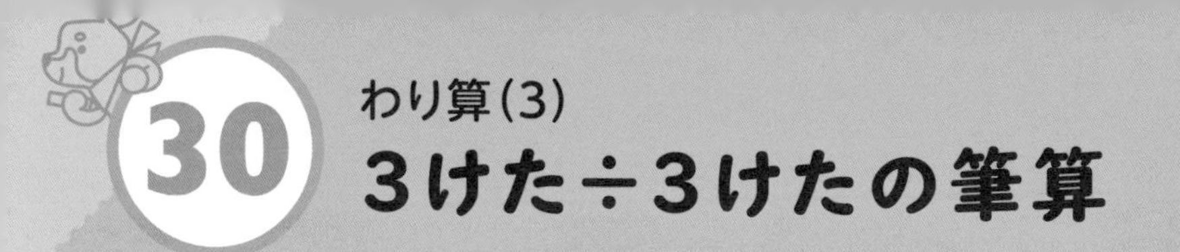

30 わり算(3)
3けた÷3けたの筆算

もくひょう 15分

月　日

得点　　点

1 計算をしましょう。

1つ5点【45点】

①

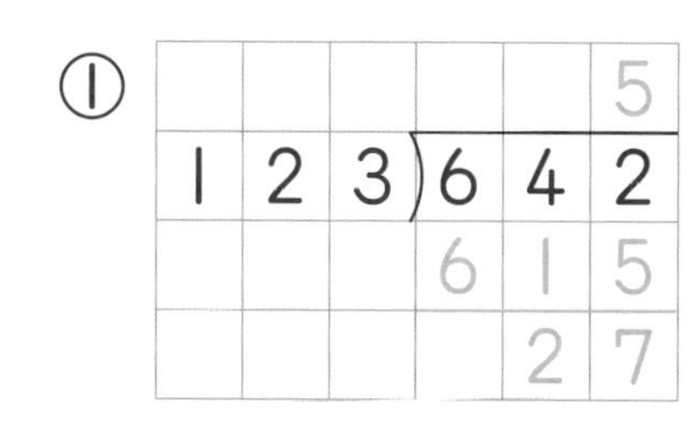

❶123を100，642を600とみて，600÷100から，商の見当をつける。

❷商が大きすぎたら，商を小さくする。

②

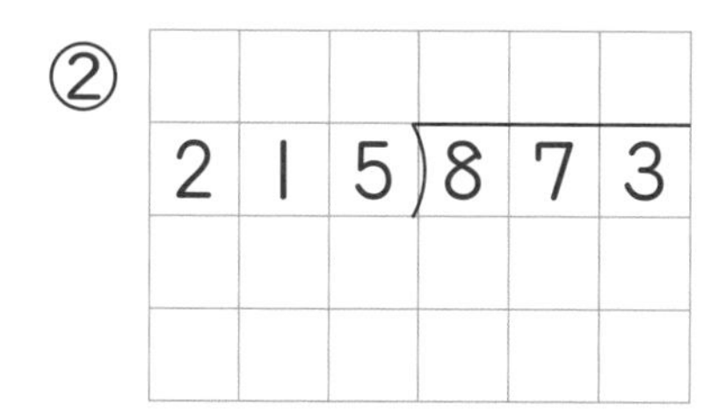

③

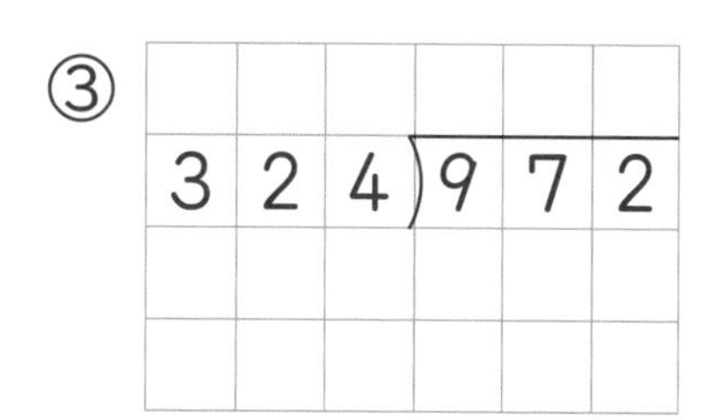

④

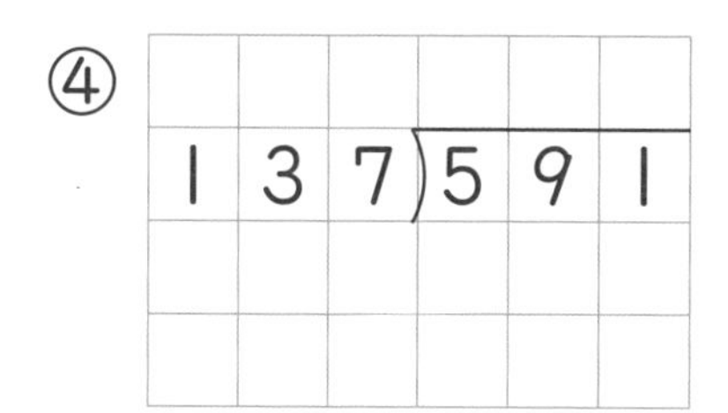

⑤

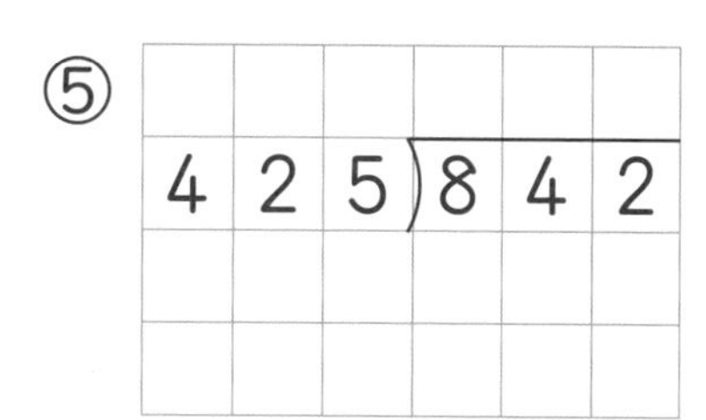

⑥

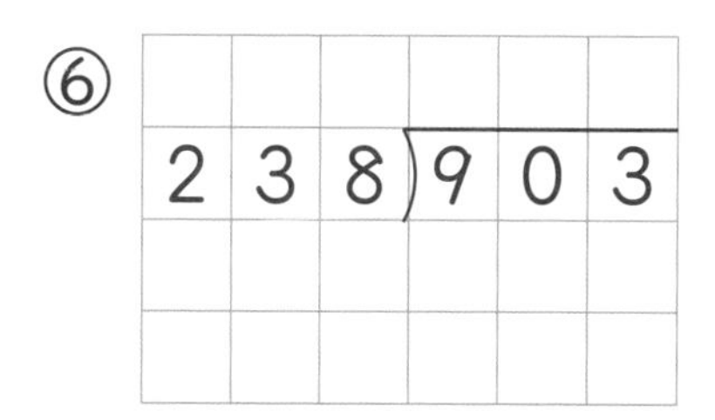

⑦

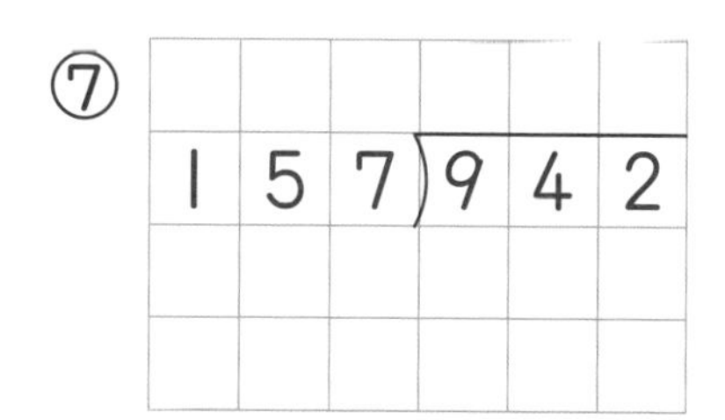

⑧

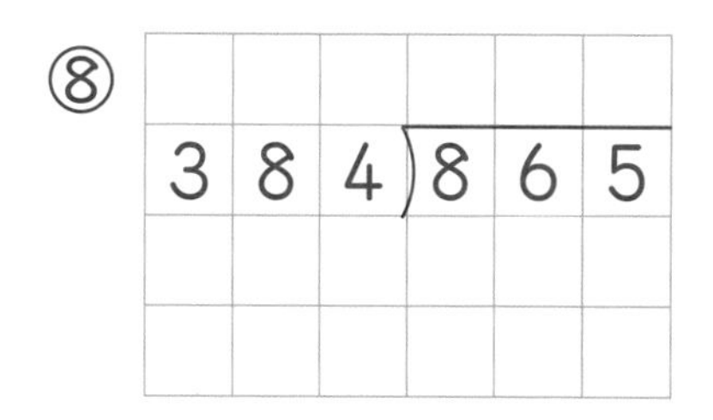

⑨

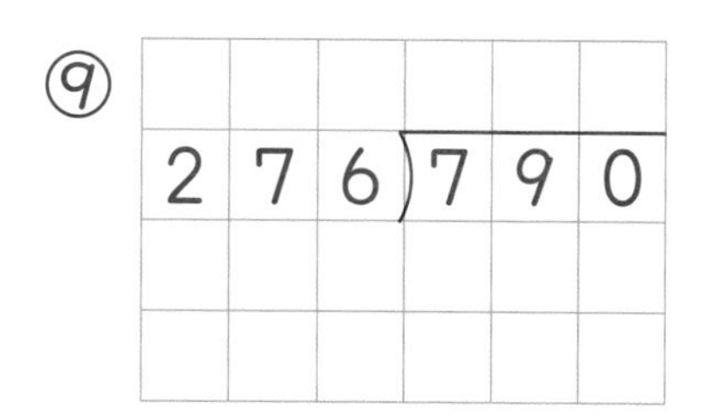

2 計算をしましょう。

1つ5点【55点】

① $203\overline{)840}$

② $475\overline{)935}$

③ $316\overline{)948}$

④ $128\overline{)793}$

⑤ $282\overline{)846}$

⑥ $164\overline{)800}$

⑦ $309\overline{)915}$

⑧ $417\overline{)843}$

⑨ $137\overline{)959}$

⑩ $258\overline{)765}$

⑪ $179\overline{)888}$

わる数が3けたになっても，筆算のしかたは同じ！

その調子，その調子！

答え ▶ 100ページ

31 わり算(3) 4けた÷3けたの筆算

1 計算をしましょう。

1つ5点【40点】

商は十の位からたつ。

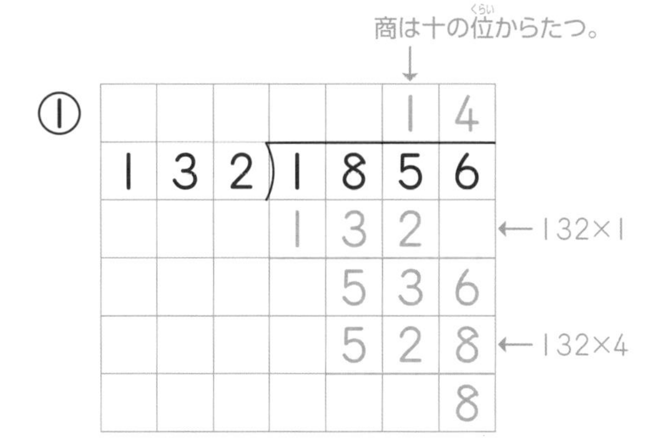

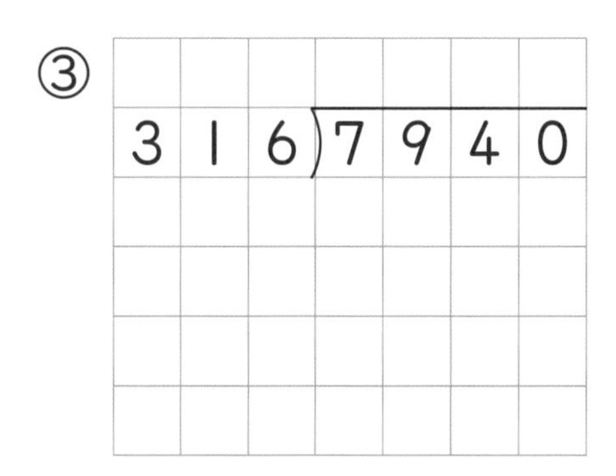

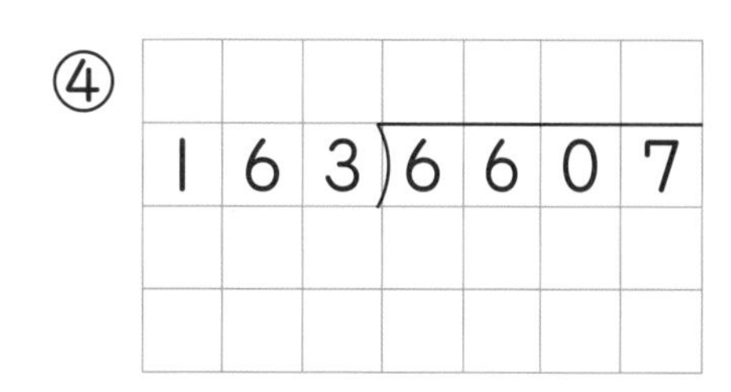

商は十の位にたたないので，一の位からたてる。

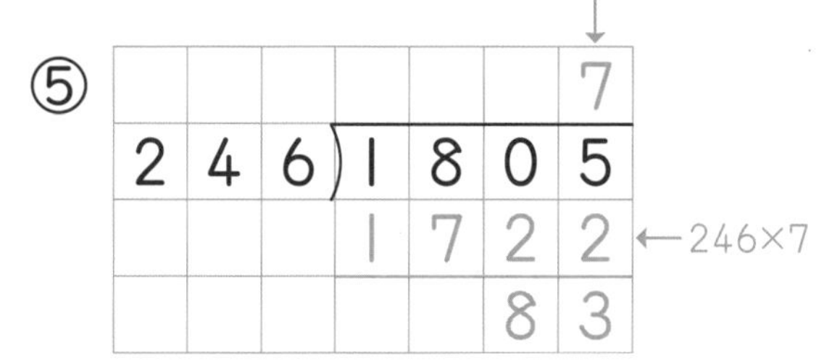

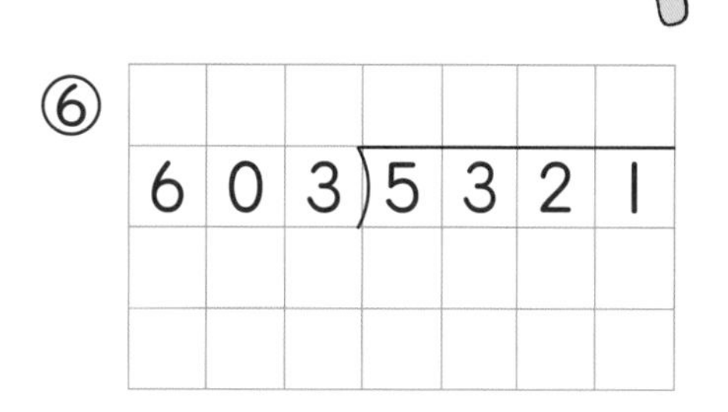

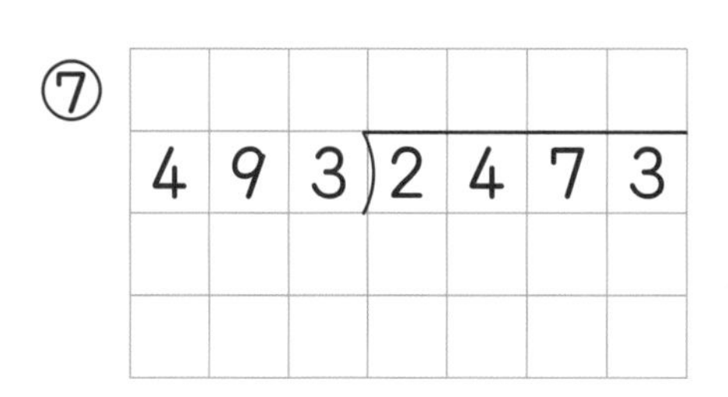

⑧ 749)5000

2 計算をしましょう。

1つ6点【60点】

① $238\overline{)5479}$

② $158\overline{)5530}$

③ $482\overline{)8361}$

④ $291\overline{)7082}$

⑤ $326\overline{)9876}$

⑥ $174\overline{)9000}$

⑦ $423\overline{)1269}$

⑧ $375\overline{)2430}$

⑨ $548\overline{)4000}$

⑩ $817\overline{)6575}$

計算力がついているよ。

答え ▶ 100ページ

32 わり算(3) くふうするわり算

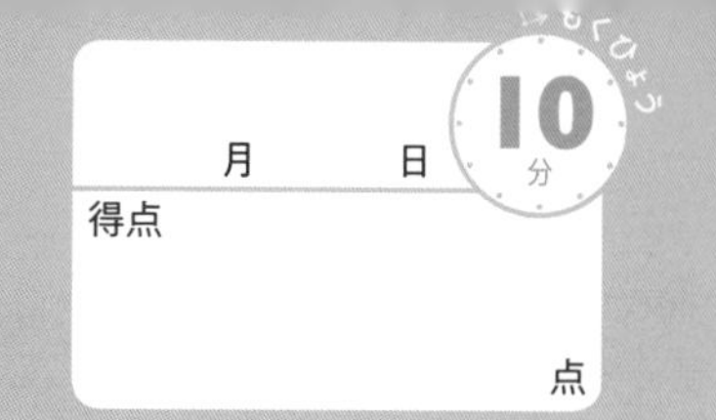

1 くふうして計算しましょう。

1つ3点【21点】

① 600 ÷ 200 = 3

わり算では，わられる数とわる数を同じ数でわっても，商は変わらない。

600 ÷ 200 = 3
÷100 ÷100 等しい
6 ÷ 2 = 3

② 80 ÷ 40 = □

③ 900 ÷ 300 = □

④ 420 ÷ 60 = □

⑤ 400 ÷ 80 = □

⑥ 200 ÷ 25 = □

×4 ×4
800 100 ← わられる数とわる数に同じ数をかけても商は変わらない。

⑦ 700 ÷ 25 = □

2 計算をしましょう。

1つ5点【15点】

① 300)4700

15
3
17
15
200

わられる数とわる数を100でわって（0を2こずつ消して），計算する。

あまりの2は，100が2このことなので，200になる。

〔答えのたしかめ〕
300 × 15 + 200 = 4700

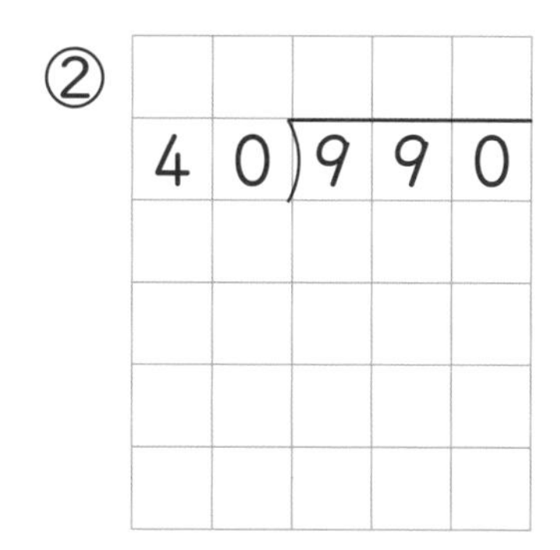

② 40)990

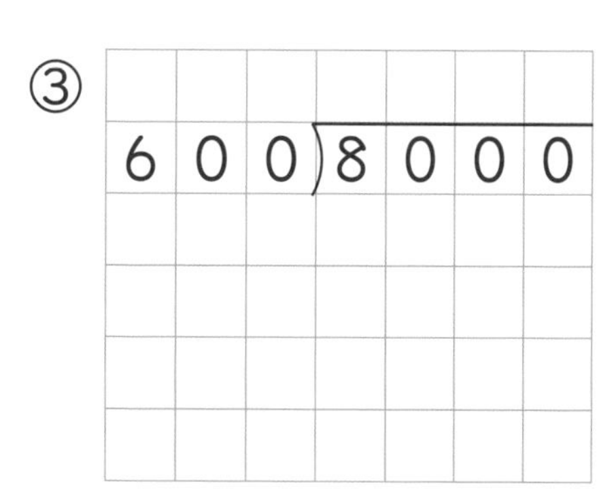

③ 600)8000

3 くふうして計算しましょう。

1つ4点【16点】

① 60÷30

② 200÷50

③ 300÷25

④ 150÷25

4 計算をしましょう。

1つ6点【48点】

① 40)5 3 0

② 70)4 2 0 0

③ 300)7 4 0 0

④ 900)5 7 0 0

⑤ 350)2 8 0 0

⑥ 500)8 6 0 0

⑦ 600)4 5 0 0 0

⑧ 4000)3 1 5 0 0

わり算の計算力がついたね。

答え ▶ 101ページ

33 大きな数のわり算の筆算の練習

月　日

得点

点

20分

1 計算をしましょう。

1つ5点【40点】

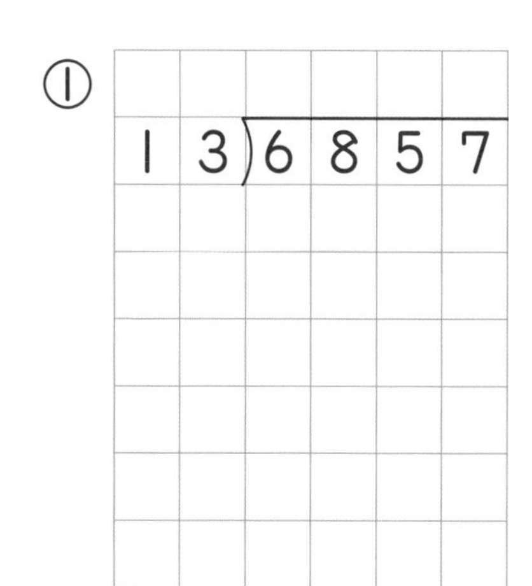

① $13\overline{)6857}$

② $54\overline{)7884}$

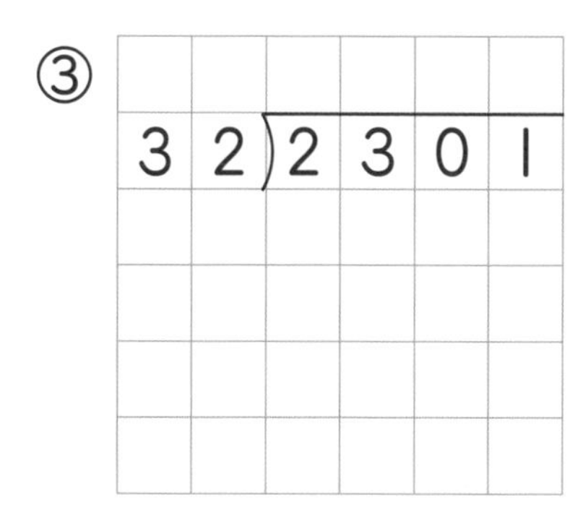

③ $32\overline{)2301}$

④ $49\overline{)3725}$

⑤ $142\overline{)852}$

⑥ $207\overline{)720}$

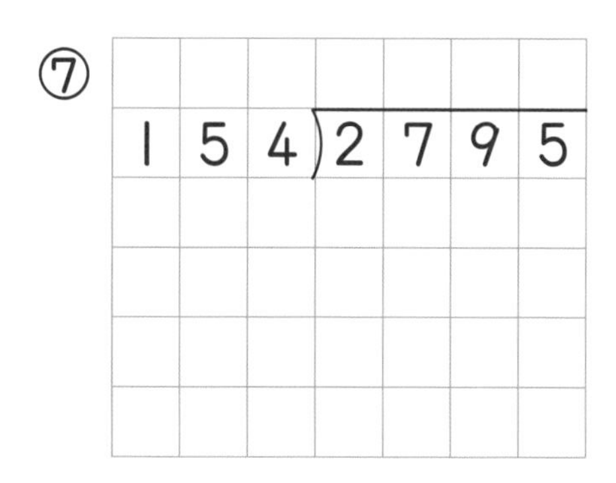

⑦ $154\overline{)2795}$

⑧ $495\overline{)4000}$

2 計算をしましょう。

1つ5点【40点】

① 63)3591

② 163)963

③ 229)700

④ 158)6802

⑤ 48)5192

⑥ 27)9520

⑦ 372)2961

⑧ 74)6134

商は何の位(くらい)から
たつかな？

3 くふうして計算しましょう。

1つ5点【20点】

① 60)4500

② 800)5900

③ 450)7000

④ 300)85000

今日(きょう)もがんばったね。次はパズルだよ！

答え ▶ 101ページ

［めいろをぬけられるかな？］

1 「スタート」から「ゴール」まで，めいろを進もう。とちゅうの計算では，正しい答えの道を進むようにしよう。さて，めいろをうまくぬけられるかな？

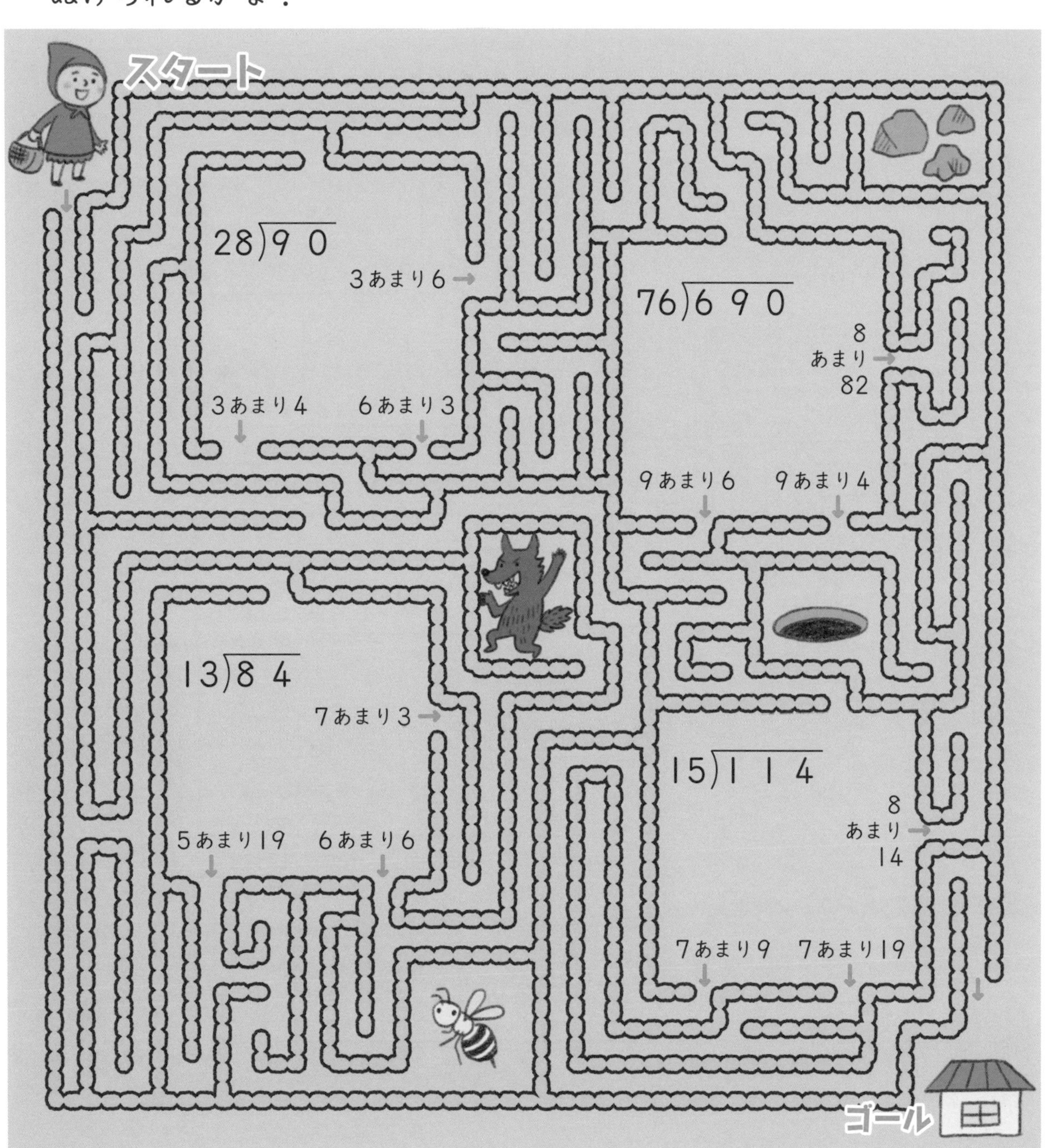

2 こんどのめいろはちょっと手ごわいよ。わり算の力をつかって，めいろにチャレンジだ！

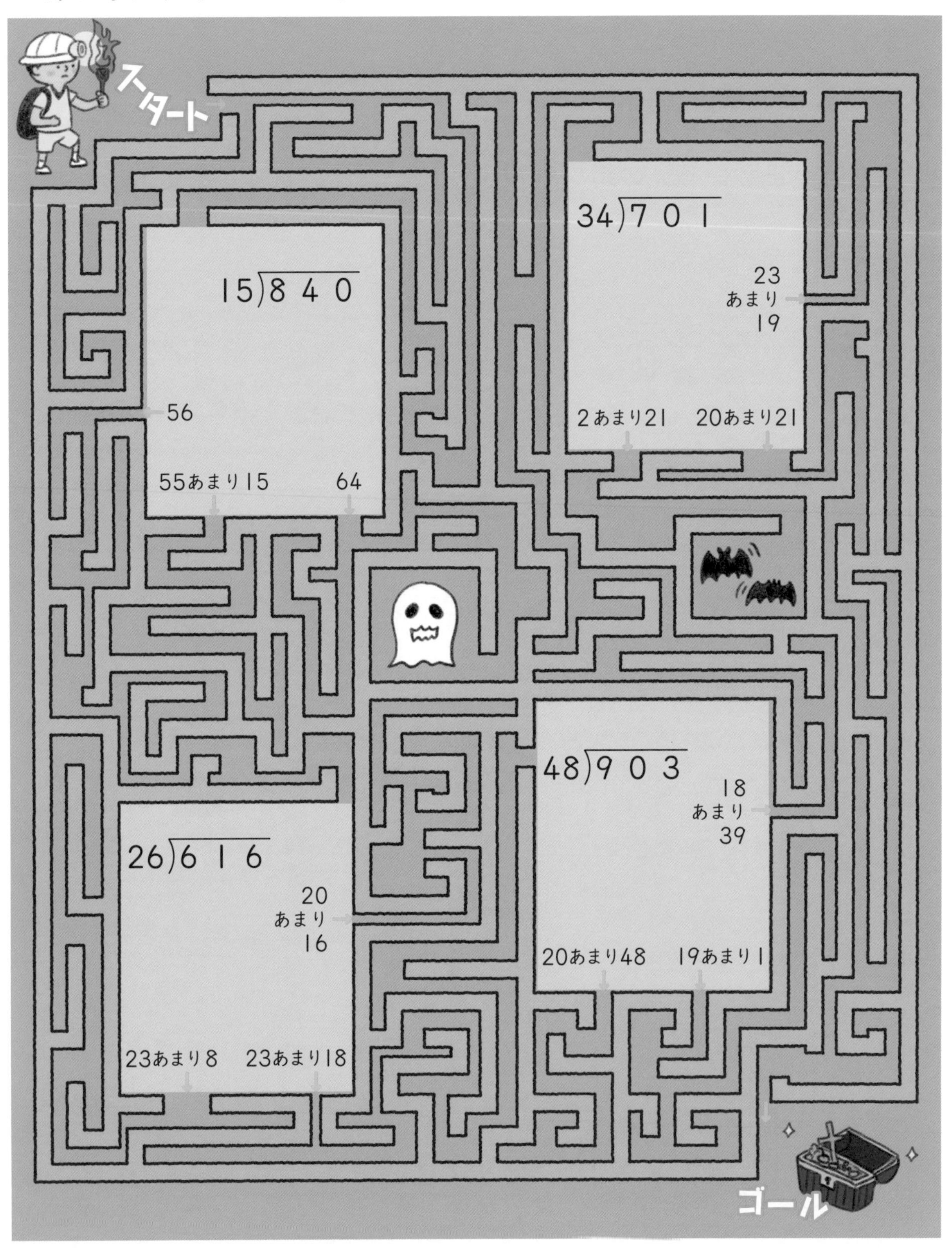

答え ▶ 102ページ

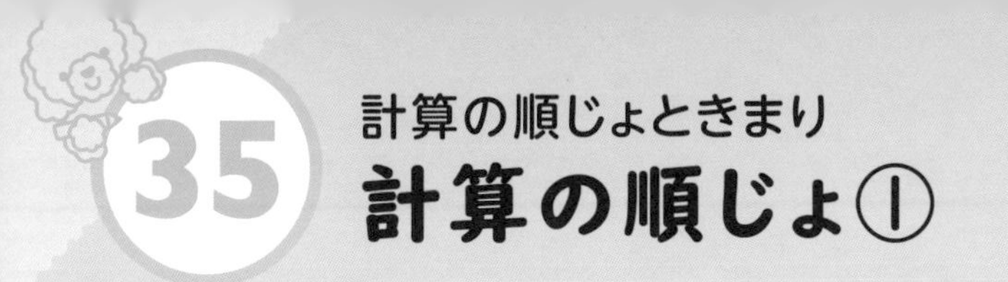

月　日

得点

点

10分

35 計算の順じょときまり
計算の順じょ①

1 計算をしましょう。　1つ5点【40点】

① 800 − (650 + 50) = 800 − [700] = [100]

（　）の中を先に計算する。

② 900 − (540 − 40) = 900 − [　　] = [　　]

③ 1000 − (800 + 50) = 1000 − [　　] = [　　]

④ 24 × (32 − 27) = 24 × [　　] = [　　]

⑤ (48 + 112) ÷ 16 = [　　] ÷ 16 = [　　]

⑥ 80 ÷ (4 × 2) = 80 ÷ [　　] = [　　]

⑦ 300 ÷ (25 + 35) = 300 ÷ [　　] = [　　]

⑧ 400 − (100 + 50) + 70 = 400 − [　　] + 70 = [　　]

2 計算をしましょう。

1つ8点【40点】

① $400-(120+80)$

② $36\times(81-72)$

③ $90\div(3\times3)$

④ $(56+140)\div28$

⑤ $560\div(26+54)+90$

3 計算をしましょう。

1つ5点【20点】

① $16-2+2$

② $16-(2+2)$

③ $16\div2\times2$

④ $16\div(2\times2)$

（　）の中をひとまとまりとみよう。

＋，－，×，÷が全部入った計算だね。

答え ▶ 102ページ

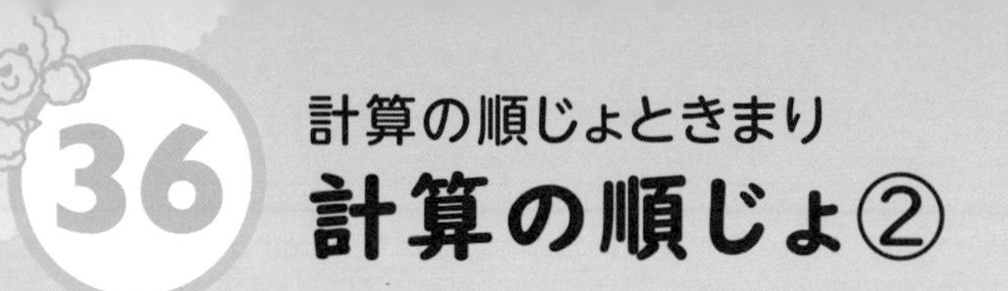

36

計算の順じょときまり

計算の順じょ②

もくひょう 10分

月　日

得点

点

1 計算をしましょう。　1つ5点【40点】

【計算の順じょ】
- ふつうは，左から順に計算する。
- （　）のある式は，（　）の中を先に計算する。
- かけ算やわり算は，たし算やひき算より先に計算する。

① 6＋14×5＝6＋［70］＝［76］

たし算よりかけ算を先に計算する。

② 400－175÷25＝400－［　］
＝［　］

③ 500－25×4＝500－［　］＝［　］

④ 50＋90÷2＝50＋［　］＝［　］

⑤ 198－14×6＝198－［　］＝［　］

⑥ 90＋16×5＝90＋［　］＝［　］

⑦ 8×6－9÷3＝［　］－［　］＝［　］

⑦は8×6の答えから9÷3の答えをひこう！

⑧ 80÷4＋25×4＝［　］＋［　］＝［　］

2 計算をしましょう。

1つ8点【40点】

① $60+15\times2$

② $162-39\times3$

③ $90\div3+25\times4$

④ $350-80\div5$

⑤ $189-153\div17$

3 計算をしましょう。

1つ5点【20点】

① $8\times9-6\div3$

② $8\times(9-6\div3)$

③ $(8\times9-6)\div3$

④ $8\times(9-6)\div3$

計算の順(じゅん)じょはバッチリだね！

答え ▷ 102ページ

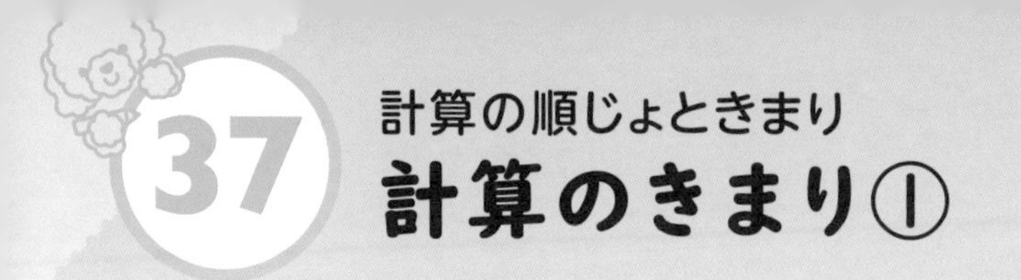

1 くふうして計算しましょう。

1つ8点【32点】

【分配のきまり】

(■＋●)×▲＝■×▲＋●×▲

(■－●)×▲＝■×▲－●×▲

① 104×15＝(100＋4)×15

104を100＋4とみる。

＝100×□＋4×□

＝□＋□

＝□

② 98×7＝(□－2)×7＝□×7－2×7

98を100－2とみる。

＝□－14＝□

③ 7×28＋3×28＝(□＋□)×28

■×▲＋●×▲＝(■＋●)×▲

＝□×28＝□

④ 38×9－36×9＝(38－□)×□

■×▲－●×▲＝(■－●)×▲

＝□×□＝□

2 くふうして計算しましょう。

①～⑥1つ8点，⑦・⑧1つ10点【68点】

① 102×45

② 23×103

③ 7×198

④ 1006×15

⑤ 98×7

⑥ 99×9

⑦ $13 \times 4 + 17 \times 4$

⑧ $51 \times 8 - 49 \times 8$

④は，
(1000+6)×15と
くふうできるね。

くふうすると計算がすばやくできるね。

答え ▶ 103ページ

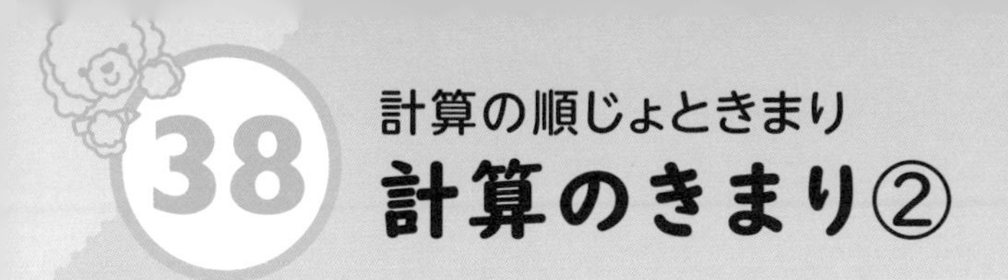

38 計算の順じょときまり

計算のきまり②

月　日　10分　得点　点

1 くふうして計算しましょう。　1つ8点【32点】

【交かんのきまり】
■+●=●+■
■×●=●×■

【結合のきまり】
(■+●)+▲=■+(●+▲)
(■×●)×▲=■×(●×▲)

① $27+96+4$ ←たす順じょを変えても和は変わらない。

$=27+(96+4)$ ←96+4は100になるから、96+4を先に計算する。

$=27+$ □

$=$ □

② $86+59+14=86+$ □ $+$ □

59と14を入れかえる。

86+14を計算する。

$=$ □ $+59=$ □

③ $38\times25\times4=38\times(25\times4)$

$=38\times$ □ $=$ □

④ $25\times28=25\times(4\times$ □ $)$

28を4×7とみる。

$=(25\times4)\times$ □

25×4を先に計算する。

$=100\times$ □ $=$ □

2 くふうして計算しましょう。

1つ8点【48点】

① $28+14+6$

② $37+99+13$

③ $95+68+5$

④ $37+75+25$

⑤ $139+83+17$

⑥ $57+178+43$

3 くふうして計算しましょう。

1つ5点【20点】

① $17\times25\times4$

② $34\times125\times8$

③ 25×24

④ 36×25

③は，25×(4×6)で
25×4=100ができるね！

アプリにとく点を登録(とうろく)しよう！

答え ▶ 103ページ

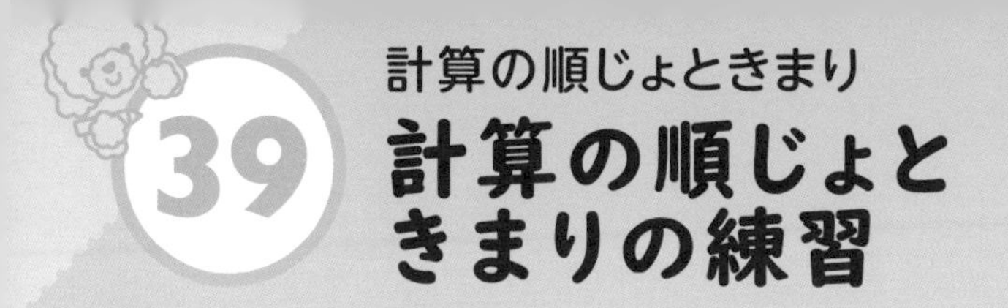

月　日　10分

得点　点

1 計算をしましょう。　1つ5点【20点】

① 600－(280＋150)

② 5×(36－19)

③ 540÷(15×6)

④ 32＋40÷8×4

2 くふうして計算しましょう。　1つ5点【20点】

① 18＋9＋91

② 25×47×4

③ 97×12

④ 6×37＋4×37

3 くふうして計算しましょう。

1つ7点【28点】

① $77+88+12$

② $84+3.7+6.3$

③ $49\times5\times20$

④ 1001×15

4 くふうして計算しましょう。

1つ8点【32点】

① 1008×25

② $148+98+52$

③ 50×48

④ 999×6

②は，148+52=200で
きりのいい数になるね。

計算の順(じゅん)じょやきまりはマスターしたね！
さいごにまとめテストだよ。

答え ▶ 104ページ

40 まとめテスト

名前

月　日　10分

得点

点

1 計算をしましょう。　1つ4点【24点】

① $3\overline{)86}$

② $7\overline{)76}$

③ $6\overline{)882}$

④ $8\overline{)539}$

⑤ $4\overline{)835}$

⑥ $3\overline{)7823}$

2 計算をしましょう。　1つ4点【24点】

① $13\overline{)85}$

② $28\overline{)93}$

③ $23\overline{)851}$

④ $45\overline{)400}$

⑤ $34\overline{)731}$

⑥ $19\overline{)963}$

3 計算をしましょう。

1つ5点【20点】

① $139\overline{)584}$

② $27\overline{)8340}$

③ $64\overline{)4763}$

④ $286\overline{)9174}$

4 計算をしましょう。

1つ4点【16点】

① $560-(370-290)$

② $480\div(24+16)$

③ $36\times5-96\div4$

④ $120\div(60-18\times3)$

5 くふうして計算しましょう。

1つ4点【16点】

① $63+59+37$

② $4\times17\times25$

③ 101×23

④ $72\times9-67\times9$

答え ▶ 104ページ

▶まちがえた問題は，もう一度やり直しましょう。
▶アドバイスを読んで，参考にしてください。

1 何十，何百のわり算 5~6ページ

1
① 30　② 30
③ 20　④ 70
⑤ 80　⑥ 60
⑦ 50

2
① 300　② 200
③ 200　④ 300
⑤ 600　⑥ 500
⑦ 900　⑧ 600
⑨ 500　⑩ 200

3
① 20　② 40
③ 60　④ 80
⑤ 50　⑥ 80
⑦ 50　⑧ 70
⑨ 40　⑩ 200
⑪ 100　⑫ 400
⑬ 700　⑭ 500
⑮ 900　⑯ 400
⑰ 400　⑱ 500

アドバイス 10や100をもとにして考えます。

1② 90は[10]が9こだから，[10]が(9÷3)こで3こ
90÷3=30 ← [10]が3こ

⑥ 300は[10]が30こだから，[10]が(30÷5)こで6こ
300÷5=60 ← [10]が6こ

2⑤ 1800は[100]が18こだから，[100]が(18÷3)こで6こ
1800÷3=600 ← [100]が6こ

2 2けた÷1けたの筆算① 7~8ページ

1

①

	1	4
3)	4	2
	3	
	1	2
	1	2
		0

②

	1	6
2)	3	2
	2	
	1	2
	1	2
		0

③

	1	4
6)	8	4
	6	
	2	4
	2	4
		0

④

	1	4
7)	9	8
	7	
	2	8
	2	8
		0

⑤

	2	9
3)	8	7
	6	
	2	7
	2	7
		0

⑥

	3	8
2)	7	6
	6	
	1	6
	1	6
		0

⑦

	1	5
4)	6	0
	4	
	2	0
	2	0
		0

2
① 18　② 12　③ 17
④ 28　⑤ 39　⑥ 18

3
① 12　② 23　③ 12
④ 26　⑤ 45　⑥ 14

アドバイス **3**④

	2	6
3)	7	8
	6	
	1	8
	1	8
		0

⑤

	4	5
2)	9	0
	8	
	1	0
	1	0
		0

3 2けた÷1けたの筆算② 9~10ページ

1 ① 13あまり2 ② 12あまり1
③ 14あまり2 ④ 12あまり3
⑤ 23あまり1

2 ① 32あまり1 ② 10あまり2
③ 32あまり1 ④ 20
⑤ 41 ⑥ 10

3 ① 14あまり3 ② 26あまり1
③ 13あまり2 ④ 14あまり4
⑤ 11あまり6 ⑥ 11あまり3

4 ① 22あまり2 ② 23
③ 10あまり5 ④ 12あまり1
⑤ 40あまり1 ⑥ 20

アドバイス あまりのあるわり算も，あまりがないときと同じように計算できます。

3③

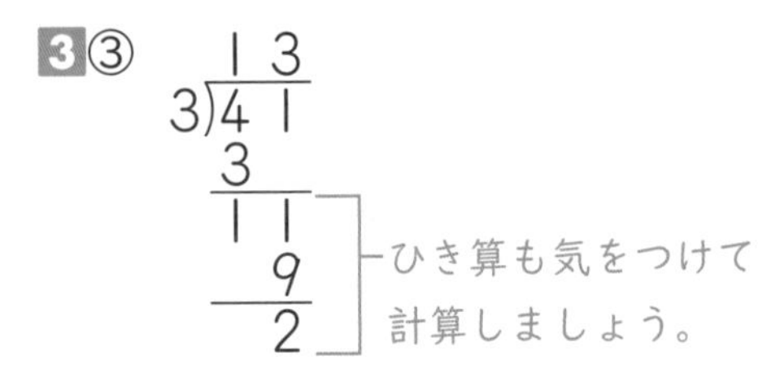

2，**4**は，十の位(くらい)の計算がわりきれる計算です。商の一の位に0がたつ計算は，とくに注意して計算しましょう。

2②

```
   10 ←2は3でわれないから，
 3)32     一の位に0を書く。
   3
    2
    0 ←3×0=0
    2 ←2−0=2
```

4⑤

```
   40
 2)81
   8
    1
    0
    1
```

⑥

```
   20
 3)60
   6
    0
    0
    0
```

4 2けた÷1けたの筆算③ 11~12ページ

1 ① 15

たしかめの式… $5\times15=75$

計算

	1	5
×		5
	7	5

② 24あまり2

たしかめの式… $3\times24+2=74$

計算

	2	4
×		3
	7	2

➡

	7	2
＋		2
	7	4

③ 31あまり2

たしかめの式… $3\times31+2=95$

計算

	3	1
×		3
	9	3

➡

	9	3
＋		2
	9	5

2 ① 13あまり1

たしかめの式… $6\times13+1=79$

② 23あまり2

たしかめの式… $3\times23+2=71$

③ 12あまり6

たしかめの式… $7\times12+6=90$

④ 20あまり3

たしかめの式… $4\times20+3=83$

アドバイス 「わる数×商」の部分は，「商×わる数」と計算してもよいです。あまりがわる数より小さくなっているかどうかもたしかめておきましょう。

2①

```
   13
 6)79
   6
   19
   18
    1
```

④

```
   20
 4)83
   8
    3
    0
    3
```

5 2けた÷1けたの筆算の練習 13~14ページ

1 ① 16　② 37
③ 25　④ 17
⑤ 12あまり1　⑥ 12あまり2
⑦ 35あまり1　⑧ 19あまり2
⑨ 13あまり4　⑩ 26あまり1
⑪ 17あまり3　⑫ 23あまり1
⑬ 23　⑭ 40あまり1

2 ① 16　② 28あまり1
③ 18　④ 23あまり2
⑤ 16　⑥ 10あまり3
⑦ 28あまり1　⑧ 34
⑨ 47　⑩ 20あまり2
⑪ 21あまり2　⑫ 17あまり2

3 13あまり2
たしかめの式…4×13+2=54

アドバイス 計算のとちゅうの0のあつかいに注意しましょう。

1⑫
```
   23
2)47
  4
   7   ←ここの0は書かなくてよい。
   6
   1
```

⑭
```
   40  ←この0を省いてはいけない。
2)81
  8
   1
   0
   1
```

2⑥
```
   10
9)93
  9
   3
   0
   3
```

⑩
```
   20
4)82
  8
   2
   0
   2
```

3のたしかめの式の計算は，次のようにします。

3
```
  13          52
×  4   ➡   +  2
  52          54
```

6 3けた÷1けたの筆算① 15~16ページ

1 ① 163あまり2　② 127
③ 265あまり1　④ 245
⑤ 238　⑥ 117あまり3
⑦ 136あまり4

2 ① 165あまり2　② 238
③ 147あまり3　④ 227あまり3
⑤ 268　⑥ 128あまり4

3 ① 475　② 142あまり2
③ 235

アドバイス 2けた÷1けたの筆算と同じように，大きい位(くらい)から順(じゅん)に商をたてていきます。とちゅうの，かけたりひいたりする回数が多くなるので，ひとつひとつていねいに計算して，ミスをしないように注意しましょう。

1⑥
```
   117
6)705
  6
  10
   6
   45
   42
    3
```

⑦
```
   136
7)956
  7
  25
  21
   46
   42
    4
```

2③
```
   147
6)885
  6
  28
  24
   45
   42
    3
```

④
```
   227
4)911
  8
  11
   8
   31
   28
    3
```

⑤
```
   268
3)804
  6
  20
  18
   24
   24
    0
```

⑥
```
   128
7)900
  7
  20
  14
   60
   56
    4
```

7 3けた÷1けたの筆算② 17~18ページ

1 ① 213あまり2 ② 114
③ 237あまり1 ④ 131あまり2
⑤ 242 ⑥ 141あまり1
⑦ 341あまり1 ⑧ 132

2 ① 114 ② 217あまり1
③ 121あまり3 ④ 121
⑤ 241 ⑥ 231あまり1

3 ① 114 ② 212あまり1
③ 121あまり1

アドバイス 百の位(くらい)の計算や十の位の計算がわりきれる計算です。このとき，とちゅうのひき算は0になりますが，0を書かずに計算しましょう。

8 3けた÷1けたの筆算③ 19~20ページ

1 ①

```
   230           かんたんな計算のしかた
3)692               230
  6              3)692
   9        →      6
   9                9
    2               9
    0                2
    2
```

②

```
   206           かんたんな計算のしかた
4)824               206
  8              4)824
   2        →      8
   0                24
   24               24
   24                0
    0
```

③

```
   240           かんたんな計算のしかた
2)480               240
  4              2)480
   8        →      4
   8                8
    0               8
    0                0
    0
```

④

```
   109           かんたんな計算のしかた
6)657               109
  6              6)657
   5        →      6
   0                57
   57               54
   54                3
    3
```

2 ①

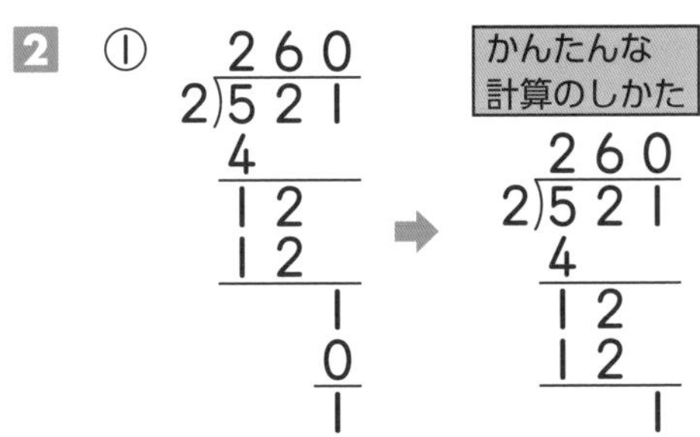

②

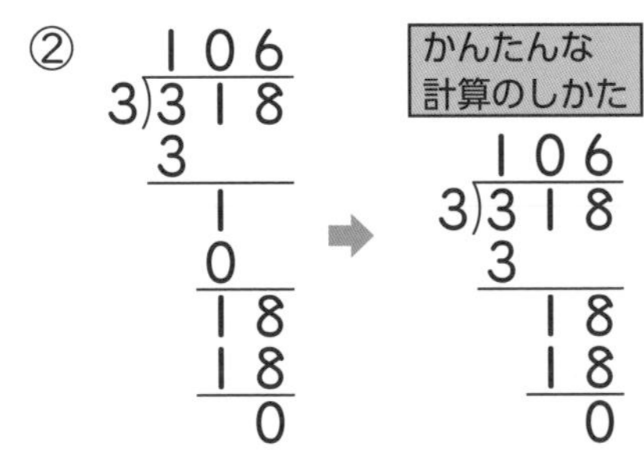

③

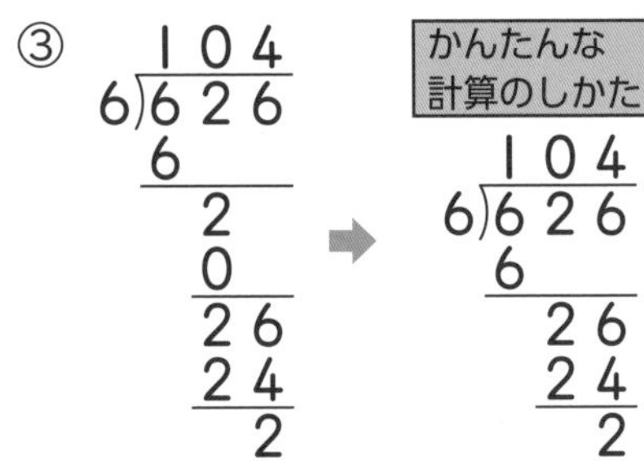

3 ① 210あまり2 ② 340あまり1
③ 180 ④ 407
⑤ 105あまり5 ⑥ 108

アドバイス かんたんなしかたで計算するときは，商の0を書きわすれないように注意しましょう。

3 ①

```
   210
4)842
  8
   4
   4
    2
```

⑤

```
   105
9)950
  9
   50
   45
    5
```

9 3けた÷1けたの筆算の練習① 21~22ページ

1 ① 245　② 149
③ 138あまり2　④ 113あまり3
⑤ 296　⑥ 151
⑦ 131あまり1　⑧ 121あまり2
⑨ 420あまり1　⑩ 107

2 ① 369　② 163あまり2
③ 232　④ 170あまり3
⑤ 125あまり1　⑥ 336あまり1
⑦ 178　⑧ 207あまり2
⑨ 176　⑩ 197あまり2
⑪ 107　⑫ 157あまり5

アドバイス **1**の⑨～⑩，**2**の④，⑧，⑪は，かんたんなしかたで計算できます。

かんたんなしかたになれてきたら，できるだけこのしかたで，計算するようにしましょう。

1①
```
   245
 3)735
   6
   13
   12
    15
    15
     0
```
③
```
   138
 5)692
   5
   19
   15
    42
    40
     2
```
⑨
```
   420
 2)841
   8
    4
    4
     1
```
⑩
```
   107
 8)856
   8
    56
    56
     0
```
2④
```
   170
 5)853
   5
   35
   35
     3
```
⑧
```
   207
 4)830
   8
    30
    28
     2
```

10 3けた÷1けたの筆算④ 23~24ページ

1 ① 35　② 47あまり2
③ 43あまり2　④ 34
⑤ 76あまり1　⑥ 56
⑦ 27　⑧ 28あまり6
⑨ 68あまり2　⑩ 85あまり5

2 ① 67　② 97あまり1
③ 83　④ 53
⑤ 58あまり3　⑥ 65あまり1
⑦ 68あまり1　⑧ 59
⑨ 45あまり2　⑩ 65あまり6
⑪ 36あまり5　⑫ 55あまり5

アドバイス わられる数の百の位の数がわる数より小さいときは，商は十の位からたちます。

1④
```
    34
 4)136
   12
    16
    16
     0
```
⑤
```
    76
 2)153
   14
    13
    12
     1
```
⑦
```
    27
 8)216
   16
    56
    56
     0
```
⑨
```
    68
 6)410
   36
    50
    48
     2
```
2④
```
    53
 6)318
   30
    18
    18
     0
```
⑦
```
    68
 3)205
   18
    25
    24
     1
```
⑨
```
    45
 9)407
   36
    47
    45
     2
```
⑫
```
    55
 9)500
   45
    50
    45
     5
```

11 3けた÷1けたの筆算⑤ 25~26ページ

1 ① 82あまり1 ② 82
③ 71あまり2 ④ 63
⑤ 41あまり2

2 ① 50あまり3 ② 30
③ 30あまり2 ④ 80
⑤ 30あまり5

3 ① 31あまり3 ② 42
③ 51あまり3 ④ 81あまり1
⑤ 41 ⑥ 53
⑦ 62 ⑧ 61
⑨ 71あまり3

4 ① 60あまり2 ② 70
③ 90あまり6

アドバイス とちゅうの計算で，ひいた数が0になるときは，この0は書かなくてよいです。

1②

```
    8 2
4)3 2 8
  3 2
    8
    8
    0
```

ここの0は→書かなくてよい。

2，**4**では，商の一の位(くらい)に0がたちます。0をたてたあとのかけ算やひき算は，省(はぶ)くことができます。

2②

```
    3 0              3 0
9)2 7 0    ➡    9)2 7 0
  2 7              2 7
    0                  0
    0
    0
```

この計算は書かなくて→よい。

⑤

```
    3 0              3 0
7)2 1 5    ➡    7)2 1 5
  2 1              2 1
    5                  5
    0
    5
```

この計算は書かなくて→よい。

12 3けた÷1けたの筆算の練習② 27~28ページ

1 ① 88あまり1 ② 74
③ 65あまり4 ④ 86あまり2
⑤ 56 ⑥ 75あまり6
⑦ 79 ⑧ 28あまり4

2 ① 71あまり2 ② 90
③ 40あまり5

3 ① 57 ② 29
③ 72あまり4 ④ 87
⑤ 43あまり2 ⑥ 50あまり2
⑦ 41あまり1 ⑧ 37あまり7
⑨ 78あまり5 ⑩ 90

アドバイス とちゅうのかけ算やひき算にも注意して計算しましょう。

1②

```
    7 4
5)3 7 0
  3 5
    2 0
    2 0
      0
```

⑧

```
    2 8
7)2 0 0
  1 4
    6 0
    5 6
      4
```

2①

```
    7 1
4)2 8 6
  2 8
      6
      4
      2
```

③

```
    4 0
8)3 2 5
  3 2
      5
```

3①

```
    5 7
4)2 2 8
  2 0
    2 8
    2 8
      0
```

③

```
    7 2
8)5 8 0
  5 6
    2 0
    1 6
      4
```

⑤

```
    4 3
5)2 1 7
  2 0
    1 7
    1 5
      2
```

⑥

```
    5 0
4)2 0 2
  2 0
      2
```

13 3けた÷1けたの筆算の練習③ 29~30ページ

1 ① 187 ② 126あまり5
③ 473あまり1 ④ 178あまり3
⑤ 320あまり1 ⑥ 250
⑦ 104あまり5 ⑧ 207
⑨ 48 ⑩ 47あまり2
⑪ 87あまり2 ⑫ 81あまり2
⑬ 30あまり5 ⑭ 60あまり3
⑮ 80 ⑯ 60あまり6

2 ① 376あまり1 ② 84あまり7
③ 186 ④ 21
⑤ 103 ⑥ 171あまり2
⑦ 70あまり3 ⑧ 342あまり1
⑨ 134 ⑩ 190
⑪ 57あまり5 ⑫ 67あまり7

アドバイス 3けた÷1けたの筆算をまとめて練習します。商が何の位(くらい)からたつかに気をつけて計算しましょう。

1②
```
   126
6)761
  6
  16
  12
   41
   36
    5
```
③
```
   473
2)947
  8
  14
  14
    7
    6
    1
```
⑦
```
   104
7)733
  7
   33
   28
    5
```
⑩
```
    47
9)425
  36
   65
   63
    2
```
⑫
```
    81
5)407
  40
    7
    5
    2
```
⑭
```
    60
6)363
  36
    3
```

14 暗　算 31~32ページ

1 ① 26 ② 21
③ 22 ④ 13
⑤ 27 ⑥ 15

2 ① 120 ② 430
③ 360 ④ 280
⑤ 180 ⑥ 250

3 ① 21 ② 33
③ 24 ④ 39
⑤ 17 ⑥ 16
⑦ 15 ⑧ 14

4 ① 210 ② 320
③ 220 ④ 470
⑤ 190 ⑥ 150
⑦ 150 ⑧ 250

アドバイス わられる数を何十といくつや何百と何十にわけて考えます。暗算のやり方はいろいろあります。

1② 63を60と3にわける。

63÷3 (60 ❶, 3 ❷)
❶ 60÷3=20
❷ 3÷3= 1
あわせて21

④ 65を50と15にわける。

65÷5 (50 ❶, 15 ❷)
❶ 50÷5=10
❷ 15÷5= 3
あわせて13

2② 860を800と60にわける。

860÷2 (800 ❶, 60 ❷)
❶ 800÷2=400
❷ 60÷2= 30
あわせて 430

⑥ 2000を1600と400にわける。

2000÷8 (1600 ❶, 400 ❷)
❶ 1600÷8=200
❷ 400÷8= 50
あわせて 250

⑮ 1けたでわるわり算の練習① 33~34ページ

1 ① 13　② 26あまり1
③ 18あまり3　④ 34あまり1
⑤ 265　⑥ 136あまり5
⑦ 296あまり2　⑧ 217あまり3
⑨ 208あまり1　⑩ 130
⑪ 35　⑫ 58あまり1
⑬ 76あまり5　⑭ 31
⑮ 50　⑯ 90あまり4

2 ① 18　② 16あまり1
③ 26あまり2　④ 10あまり5
⑤ 64　⑥ 69
⑦ 83あまり4　⑧ 243あまり3
⑨ 68　⑩ 41あまり2
⑪ 423あまり1　⑫ 76
⑬ 71あまり2　⑭ 107あまり7

アドバイス　1けたの数でわる筆算をまとめて練習します。あまりがわる数より小さくなっているかをたしかめるようにしましょう。

1⑨
```
   208
3)625
  6
   25
   24
    1
```

⑩
```
   130
7)910
  7
  21
  21
    0
```

⑭
```
    31
9)279
  27
     9
     9
     0
```

⑯
```
    90
7)634
  63
     4
```

2⑬
```
    71
4)286
  28
     6
     4
     2
```

⑭
```
   107
9)970
  9
    70
    63
     7
```

⑯ 1けたでわるわり算の練習② 35~36ページ

1 ① 28　② 23あまり1
③ 12あまり5　④ 13
⑤ 13あまり3　⑥ 12あまり3
⑦ 32　⑧ 20あまり1

2 ① 157　② 278あまり1
③ 219あまり2　④ 135あまり2
⑤ 120あまり3　⑥ 141あまり4
⑦ 224　⑧ 107あまり7

3 ① 78あまり1　② 75
③ 77あまり3　④ 76あまり5
⑤ 69　⑥ 80あまり3
⑦ 86あまり2　⑧ 83
⑨ 71　⑩ 51あまり2
⑪ 85あまり2　⑫ 60あまり7

アドバイス　わられる数のけた数がふえても筆算のしかたは同じです。商が何の位(くらい)からたつかを考えて「たてる→かける→ひく→おろす」をくり返します。
　また，あまりはわる数より小さくなります。あまりがわる数より大きくなっていたら，計算ミスをしていることに気づきましょう。

⑰ 算数パズル 37~38ページ

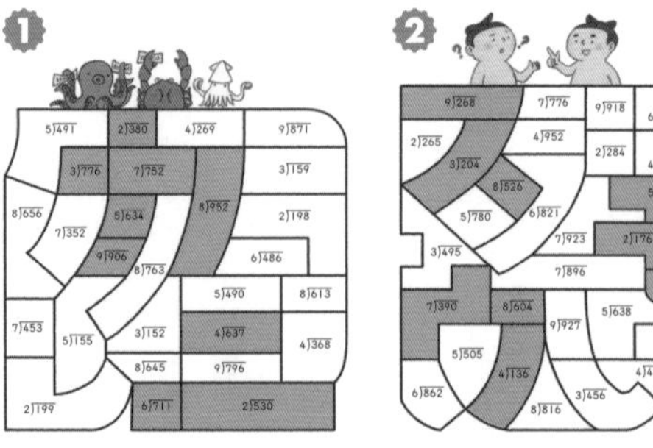

★カニはチョッキン（貯金(ちょきん)）するのでお金持ちです。

18 何十でわる計算 39~40ページ

1 ① 2　② 4　③ 3
④ 6　⑤ 6　⑥ 5

2 ① 2(あまり)10　② 1(あまり)20
③ 2(あまり)10　④ 7(あまり)20
⑤ 2(あまり)20　⑥ 4(あまり)30
⑦ 4(あまり)40　⑧ 3(あまり)40

3 ① 3　② 2　③ 8
④ 7　⑤ 4　⑥ 7
⑦ 6　⑧ 8

4 ① 3あまり10　② 2あまり10
③ 1あまり20　④ 4あまり30
⑤ 7あまり30　⑥ 8あまり40
⑦ 7あまり30　⑧ 5あまり60
⑨ 6あまり20　⑩ 4あまり60

アドバイス わられる数とわる数をどちらも10の何こ分と考えて計算します。あまりも10の何こ分かを表していることに注意しましょう。

1③ 10をもとにして考えると，
9÷3=3

2④ 10をもとにして考えると，370は10が37こ，50は10が5こだから，

37 ÷ 5 =7あまり 2
（商）（10が2こ）
370÷50=7あまり20

⑦ 10をもとにして考えると，400は10が40こ，90は10が9こだから，

40 ÷ 9 =4あまり 4
（商）（10が4こ）
400÷90=4あまり40

19 2けた÷2けたの筆算① 41~42ページ

1 ① 3　② 2
③ 3　④ 2あまり1
⑤ 1あまり20　⑥ 4あまり2

2 4あまり6
たしかめの式…20×4+6=86
計算

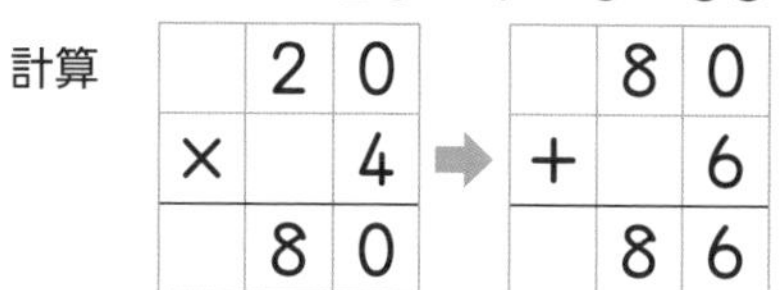

3 ① 2　② 4
③ 2　④ 3
⑤ 4　⑥ 2
⑦ 2あまり1　⑧ 5あまり2
⑨ 3あまり3　⑩ 2あまり6
⑪ 1あまり16　⑫ 2あまり9

4 4あまり2
たしかめの式…22×4+2=90
計算

	2	2
×		4
	8	8

→

	8	8
+		2
	9	0

アドバイス 商の見当のつけ方には，いろいろな考え方があります。自分の考えやすいやり方で，商の見当をつけましょう。

2

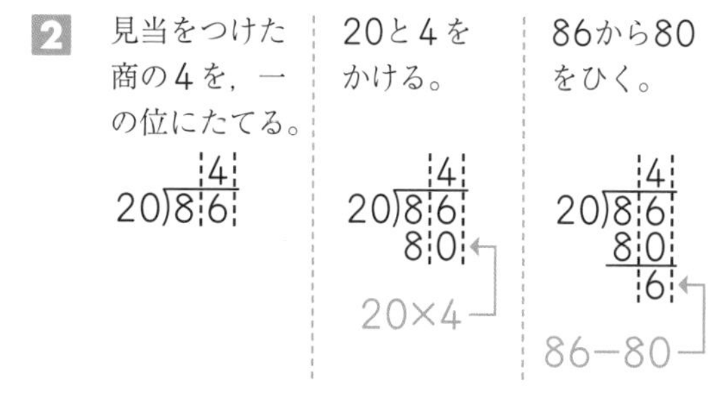

［答えのたしかめ］
わる数×商+あまり=わられる数
20 ×4+ 6 =86

20 2けた÷2けたの筆算② 43~44ページ

1 ① 2あまり19 ② 4あまり4
③ 3あまり20 ④ 7あまり6
⑤ 2あまり17 ⑥ 3あまり12
⑦ 3あまり1 ⑧ 4
⑨ 2 ⑩ 4あまり4

2 ① 2あまり20 ② 7あまり10
③ 3あまり12 ④ 3あまり11
⑤ 1あまり30 ⑥ 6あまり2
⑦ 2あまり8 ⑧ 2あまり6
⑨ 2あまり1 ⑩ 5
⑪ 3あまり5 ⑫ 2あまり5
⑬ 3 ⑭ 5
⑮ 5あまり1

アドバイス わる数やわられる数を何十とみて，商の見当をつけましょう。

1③ 21を20とみると，80÷20で4がたちます。計算すると，商が大きすぎるので，商を1小さくします。

21)83 商4，84 ←ひけない →（1小さくする。）→ 21)83 商3，63，20

⑦ 29を30とみると，80÷30で2がたちます。計算すると，商が小さすぎるので，商を1大きくします。

29)88 商2，58，30 ←わる数より大きい →（1大きくする。）→ 29)88 商3，87，1

また，次の式をもとに，答えのたしかめをするようにしましょう。

〔あまりがあるとき〕
わる数×商＋あまり＝わられる数
〔あまりがないとき〕
わる数×商＝わられる数

1④ 13)97 商7，91，6
⑤ 23)63 商2，46，17
⑥ 13)51 商3，39，12
⑧ 17)68 商4，68，0
⑨ 48)96 商2，96，0
⑩ 19)80 商4，76，4

2② 12)94 商7，84，10
③ 23)81 商3，69，12
④ 14)53 商3，42，11
⑤ 32)62 商1，32，30
⑥ 13)80 商6，78，2
⑦ 27)62 商2，54，8
⑧ 29)64 商2，58，6
⑨ 38)77 商2，76，1
⑩ 18)90 商5，90，0
⑪ 19)62 商3，57，5
⑫ 39)83 商2，78，5
⑬ 27)81 商3，81，0
⑭ 19)95 商5，95，0
⑮ 18)91 商5，90，1

21 2けた÷2けたの筆算③ 45~46ページ

1 ① 3あまり11 ② 3あまり22
③ 4あまり10 ④ 3あまり5
⑤ 2あまり2 ⑥ 3
⑦ 2あまり2 ⑧ 3あまり6
⑨ 4あまり1 ⑩ 2あまり20

2 ① 3あまり3 ② 2あまり3
③ 2あまり13 ④ 2あまり5
⑤ 3あまり9 ⑥ 3あまり15
⑦ 3あまり1 ⑧ 3あまり7
⑨ 2あまり2 ⑩ 3あまり16
⑪ 2あまり22 ⑫ 4あまり3

アドバイス

1 いろいろな見当のつけ方があります。

② 25を20とみて商の見当をつける。

```
      4 ───────────→ 3
25) 9 7  1小さく  25)9 7
  1 0 0  する。      7 5
                     2 2
```

25を30とみて商の見当をつける。

```
     3
25)9 7
   7 5
   2 2
```

⑦ 27を20とみて商の見当をつける。

```
     2
27)5 6
   5 4
     2
```

27を30とみて商の見当をつける。

```
     1 ───────────→ 2
27)5 6  1大きく  27)5 6
   2 7  する。      5 4
   2 9                2
```

22 3けた÷2けた=1けたの筆算 47~48ページ

1 ① 3あまり5 ② 5
③ 5あまり3 ④ 9あまり16
⑤ 7あまり3 ⑥ 4
⑦ 6あまり1 ⑧ 6あまり28
⑨ 8

2 ① 6あまり1 ② 4
③ 7あまり17 ④ 4あまり8
⑤ 7あまり16 ⑥ 6あまり13
⑦ 9あまり8 ⑧ 4
⑨ 3あまり4 ⑩ 6あまり23
⑪ 8あまり5 ⑫ 8あまり44
⑬ 8 ⑭ 7あまり18
⑮ 7あまり6

アドバイス

1③ 25を30，128を130とみると，130÷30で4がたちます。計算すると，商が小さすぎるので，商を1大きくします。

```
       4 ────────────→ 5
25)1 2 8  ❷1大きく  25)1 2 8
   1 0 0    する。      1 2 5
     2 8 ←❶わる数より       3
             大きい。
```

⑨ 13を10，104を100とみると，100÷10で10がたちます。計算すると，商が大きすぎるので，商を1ずつ小さくします。

```
     1 0 ────────────→ 8
13)1 0 4  ❷2小さく  13)1 0 4
   1 3 0  する。       1 0 4
          ←❶ひけない。     0
```

2⑫

```
       8
52)4 6 0
   4 1 6
     4 4
```

⑮

```
       7
16)1 1 8
   1 1 2
       6
```

23 2けたでわる筆算の練習① 49~50ページ

1 ① 5　② 2あまり23
③ 3　④ 6あまり4
⑤ 3あまり3

2 ① 3　② 3あまり8
③ 7あまり3　④ 7あまり37
⑤ 9　⑥ 7あまり18
⑦ 6あまり19　⑧ 8あまり3
⑨ 8あまり40

3 ① 3あまり8　② 2
③ 3あまり9　④ 6
⑤ 4あまり9　⑥ 2あまり19
⑦ 6　⑧ 5あまり8
⑨ 4あまり7　⑩ 8あまり15
⑪ 3　⑫ 6あまり10
⑬ 3　⑭ 8あまり9
⑮ 6あまり28

アドバイス 筆算は，かけ算やひき算にも注意して計算しましょう。

2④
```
      7
54)415
   378
    37
```
⑤
```
      9
89)801
   801
     0
```
⑦
```
      6
34)223
   204
    19
```
⑧
```
      8
17)139
   136
     3
```

3の⑦～⑮は，わる数を何十，わられる数を何百何十とみて，商の見当をつけます。

商が小さすぎたら，商を1ずつ大きく，商が大きすぎたら，商を1ずつ小さくします。

24 3けた÷2けた＝2けたの筆算① 51~52ページ

1 ① 21あまり2　② 21
③ 32あまり2　④ 23
⑤ 22あまり6　⑥ 21あまり8
⑦ 43

2 ① 42　② 22あまり6
③ 31あまり9　④ 24あまり3
⑤ 21　⑥ 23あまり8
⑦ 21　⑧ 43あまり3
⑨ 32　⑩ 31あまり4
⑪ 52　⑫ 32あまり16

アドバイス どの計算も，わられる数の上2けたの数はわる数より大きいので，商は十の位(くらい)からたちます。あまりがわる数より小さくなっているかもたしかめましょう。

1③
```
     32
24)770
   72
    50
    48
     2
```
⑤
```
     22
38)842
   76
    82
    76
     6
```
⑥
```
     21
43)911
   86
    51
    43
     8
```
⑦
```
     43
12)516
   48
    36
    36
     0
```

2⑦
```
     21
47)987
   94
    47
    47
     0
```
⑨
```
     32
19)608
   57
    38
    38
     0
```
⑩
```
     31
26)810
   78
    30
    26
     4
```
⑫
```
     32
27)880
   81
    70
    54
    16
```

25 3けた÷2けた＝2けたの筆算② 53~54ページ

1 ① 16あまり3 ② 14
③ 29あまり18 ④ 46

2 ① 40あまり17 ② 20
③ 30あまり10

3 ① 23あまり8 ② 24
③ 34あまり8 ④ 48
⑤ 25あまり10 ⑥ 35あまり12

4 ① 20 ② 60あまり8
③ 30あまり12 ④ 40
⑤ 30あまり13

アドバイス **1**，**3**は，一の位(くらい)の計算が3けた÷2けたになります。商の見当をつけてから計算しましょう。

2，**4**は，一の位に0がたつ計算です。この0を書きわすれないように注意しましょう。また，このような計算は，とちゅうの計算を書かないで，かんたんにすることができます。かんたんなしかたで計算しましょう。

1②
```
      14
39)546
   39
   156   ←3けた÷2けたの計算 156÷39
   156
     0
```

③
```
      29
27)801
   54
   261
   243
    18
```

④
```
      46
18)828
   72
   108
   108
     0
```

2②
```
      20
39)780
   78
     0
```

③
```
      30   ←商にたてた0を書きわすれないようにする。
14)430
   42
    10
```

3①
```
      23
41)951
   82
   131
   123
     8
```

②
```
      24
32)768
   64
   128
   128
     0
```

③
```
      34
26)892
   78
   112
   104
     8
```

④
```
      48
19)912
   76
   152
   152
     0
```

⑤
```
      25
39)985
   78
   205
   195
    10
```

⑥
```
      35
24)852
   72
   132
   120
    12
```

4①
```
      20
43)860
   86
     0
```

②
```
      60
12)728
   72
     8
```

③
```
      30
31)942
   93
    12
```

④
```
      40
17)680
   68
     0
```

⑤
```
      30
28)853
   84
    13
```

26 2けたでわる筆算の練習② 55~56ページ

1 ① 21 ② 22あまり3
③ 43あまり8 ④ 12あまり17
⑤ 23 ⑥ 36あまり18
⑦ 48あまり2 ⑧ 35あまり18
⑨ 30 ⑩ 40あまり12

2 ① 24あまり7 ② 23
③ 21あまり24 ④ 34あまり5
⑤ 46あまり4 ⑥ 42あまり11
⑦ 20あまり12 ⑧ 17
⑨ 38 ⑩ 18あまり19
⑪ 50 ⑫ 15あまり20

アドバイス どの計算もわられる数の上2けたはわる数より大きくなっているので，商は十の位（くらい）からたちます。

1⑥
```
      36  ←23を20，846を
23)846      850とみて，商の
   69       見当をつける。
   156
   138
    18
```

2⑫
```
      15
54)830
   54
   290
   270
    20
```

1の⑨，⑩，**2**の⑦，⑪は，商の一の位に0がたつ計算です。次のように，かんたんなしかたで計算しましょう。

1⑨
```
      30
26)780
   78
     0
```

⑩
```
      40
19)772
   76
    12
```

2⑦
```
      20
36)732
   72
    12
```

⑪
```
      50
16)800
   80
     0
```

27 2けたでわる筆算の練習③ 57~58ページ

1 ① 3 ② 4あまり9
③ 2あまり10 ④ 6
⑤ 32 ⑥ 7あまり14
⑦ 17 ⑧ 35あまり11
⑨ 4あまり49 ⑩ 26あまり15
⑪ 30あまり12

2 ① 4あまり5 ② 2
③ 3あまり1 ④ 8あまり5
⑤ 21 ⑥ 14あまり19
⑦ 23あまり2 ⑧ 49
⑨ 6 ⑩ 6あまり22
⑪ 20 ⑫ 14あまり18

アドバイス 3けた÷2けたの計算では，まず，わられる数の上2けたとわる数の大きさをくらべて，商が何の位からたつかを考えましょう。

1⑦
```
      17
46)782
   46
   322
   322
     0
```

⑧
```
      35
16)571
   48
    91
    80
    11
```

⑨
```
       4
68)321
   272
    49
```

⑪
```
      30
32)972
   96
    12
```

2⑥
```
      14
58)831
   58
   251
   232
    19
```

⑦
```
      23
31)715
   62
    95
    93
     2
```

⑪
```
      20
38)760
   76
     0
```

⑫
```
      14
68)970
   68
   290
   272
    18
```

28 2けたでわる筆算の練習④ 59~60ページ

1 ① 2　② 7あまり30

2 ① 4あまり3　② 2
③ 2あまり6　④ 2あまり13
⑤ 3あまり2　⑥ 6あまり8
⑦ 6　⑧ 2あまり27

3 ① 4あまり3　② 7
③ 6あまり13　④ 5
⑤ 3あまり19　⑥ 7あまり20

4 ① 21　② 48あまり6
③ 22あまり8　④ 23あまり3
⑤ 38　⑥ 54
⑦ 40　⑧ 12あまり5
⑨ 28　⑩ 14あまり22
⑪ 50あまり12　⑫ 37あまり12

アドバイス **1**であまりのあるときは，あまりの大きさに注意しましょう。

1② 10をもとに考えると，590は10が59こ，80は10が8こだから，

59 ÷ 8 ＝7あまり 3
（商）（10が3こ）
590÷80＝7あまり 30

3では，商は一の位(くらい)からたちます。

3③
```
      6
19)127
   114
    13
```
⑥
```
      7
43)321
   301
    20
```

4では，商は十の位からたちます。

4⑤
```
     38
25)950
   75
   200
   200
     0
```
⑧
```
     12
38)461
   38
    81
    76
     5
```

29 4けた÷2けたの筆算 61~62ページ

1 ① 373　② 134あまり23
③ 318あまり7　④ 65あまり9
⑤ 72あまり17

2 ① 123　② 136あまり35
③ 117あまり14　④ 436あまり7
⑤ 143　⑥ 208あまり9
⑦ 35あまり76　⑧ 83
⑨ 73あまり22　⑩ 85
⑪ 70あまり40　⑫ 67あまり6

アドバイス わられる数が4けたになっても，「たてる→かける→ひく→おろす」をくり返していきます。ひとつひとつの計算をていねいにすることを心がけましょう。

1②
```
     134   ←百の位の計算
53)7125      71÷53=1あまり18
   53        十の位の計算
   182       182÷53=3あまり23
   159       一の位の計算
    235      235÷53=4あまり23
    212
     23
```

⑤
```
      72   ←商は百の位に
36)2609      たたないので，
   252       十の位から
     89      たてる。
     72
     17
```

2⑥
```
     208   ←商の十の位や一の
26)5417      位に0がたつとき
   52        は，とちゅうの計
    217      算を省(はぶ)くことがで
    208      きる。
      9
```

⑪
```
      70
46)3260
   322
     40
```

30 3けた÷3けたの筆算 63~64ページ

1 ① 5あまり27　② 4あまり13
③ 3　④ 4あまり43
⑤ 1あまり417　⑥ 3あまり189
⑦ 6　⑧ 2あまり97
⑨ 2あまり238

2 ① 4あまり28　② 1あまり460
③ 3　④ 6あまり25
⑤ 3　⑥ 4あまり144
⑦ 2あまり297　⑧ 2あまり9
⑨ 7　⑩ 2あまり249
⑪ 4あまり172

アドバイス　わられる数とわる数をどちらも何百とみて，商の見当をつけてから計算します。商が大きすぎたら1ずつ小さく，小さすぎたら1ずつ大きくしましょう。

1⑥　238を200，903を900とみると，900÷200で4がたちます。計算すると，商が大きすぎるので，商を1小さくします。

```
                 1小さくする。
       4   ─────────────────→   3
238)903                  238)903
    952  ←ひけない            714
                              189
```

⑦　157を200，942を900とみると，900÷200で4がたちます。計算すると，商が小さすぎるので，商を1大きくします。計算すると，また商が小さすぎるので，さらに，商を1大きくします。

```
                 2大きくする。
       4   ─────────────────→   6
157)942                  157)942
    628                      942
    314                        0
```

31 4けた÷3けたの筆算 65~66ページ

1 ① 14あまり8　② 23
③ 25あまり40　④ 40あまり87
⑤ 7あまり83　⑥ 8あまり497
⑦ 5あまり8　⑧ 6あまり506

2 ① 23あまり5　② 35
③ 17あまり167　④ 24あまり98
⑤ 30あまり96　⑥ 51あまり126
⑦ 3　⑧ 6あまり180
⑨ 7あまり164　⑩ 8あまり39

アドバイス　4けた÷3けたの計算では，まず，わられる数の上3けたとわる数の大きさをくらべて，商が何の位(くらい)からたつかを考えましょう。

1③
```
       25
316)7940
    632   ←316×2
    1620
    1580  ←316×5
      40
```

④
```
       40 ←一の位に0がたつので，とちゅうの計算は省(はぶ)くことができる。
163)6607
    652
     87
```

⑥
```
        8 ←商は十の位にたたないので，一の位からたてる。
603)5321
    4824
     497
```

2⑤
```
       30
326)9876
    978
      96
```

⑥
```
       51
174)9000
    870
     300
     174
     126
```

32 くふうするわり算 67~68ページ

1 ① 3　② 2　③ 3
④ 7　⑤ 5　⑥ 8
⑦ 28

2 ① 15あまり200　② 24あまり30
③ 13あまり200

3 ① 2　② 4　③ 12　④ 6

4 ① 13あまり10　② 60
③ 24あまり200　④ 6あまり300
⑤ 8　⑥ 17あまり100
⑦ 75　⑧ 7あまり3500

アドバイス　**1**，**3**は，わられる数とわる数を10や100でわった数にして計算します。また，**1**の⑥，⑦や**3**の③，④のように，わる数が25のときは，わられる数とわる数に4をかけると，わる数が100になり，計算がかんたんになります。

1② 80÷40
↓÷10 ↓÷10
8 ÷ 4 =2

③ 900÷300
↓÷100 ↓÷100
9 ÷ 3 =3

⑦ 700 ÷ 25
↓×4 ↓×4
2800÷100=28

2，**4**のように，筆算の形になっている計算では，わられる数とわる数の0を同じ数ずつ消して計算します。

2②
```
    24
40)990
   8
   19
   16
    30
```
10でわる
↓
0を1こずつ消す。

あまりの3は，10が3このことなので，30になる。

33 大きな数のわり算の筆算の練習 69~70ページ

1 ① 527あまり6　② 146
③ 71あまり29　④ 76あまり1
⑤ 6　⑥ 3あまり99
⑦ 18あまり23　⑧ 8あまり40

2 ① 57　② 5あまり148
③ 3あまり13　④ 43あまり8
⑤ 108あまり8　⑥ 352あまり16
⑦ 7あまり357　⑧ 82あまり66

3 ① 75　② 7あまり300
③ 15あまり250
④ 283あまり100

アドバイス　わられる数やわる数が大きくなると，とちゅうのかけ算やひき算がむずかしくなります。ていねいに計算するようにしましょう。

1②

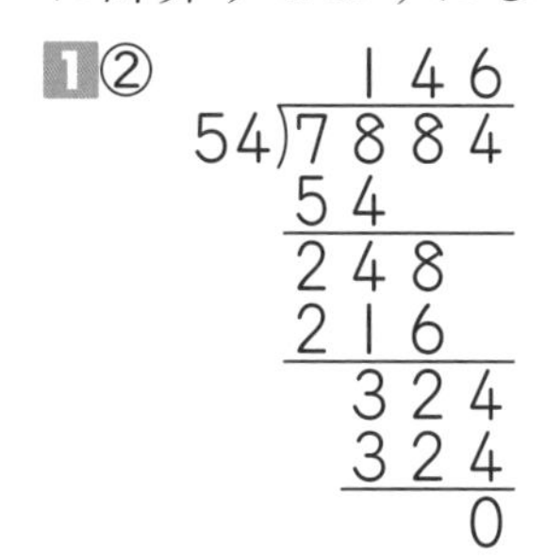

3では，わられる数とわる数の0を同じ数ずつ消します。

3①
```
     75
60)4500
   42
    30
    30
     0
```
わられる数とわる数の0を1こずつ消す。

この0を消さないように注意

②
```
       7
800)5900
    56
     300
```
わられる数とわる数の0を2こずつ消す。

あまりの3は，100が3こ

34 算数パズル 71~72ページ

1

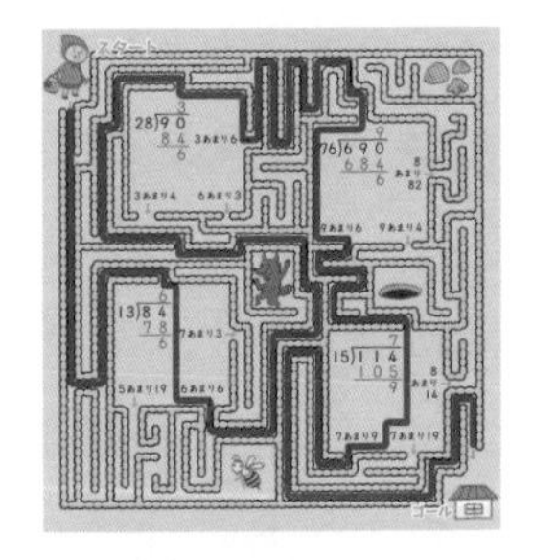

2

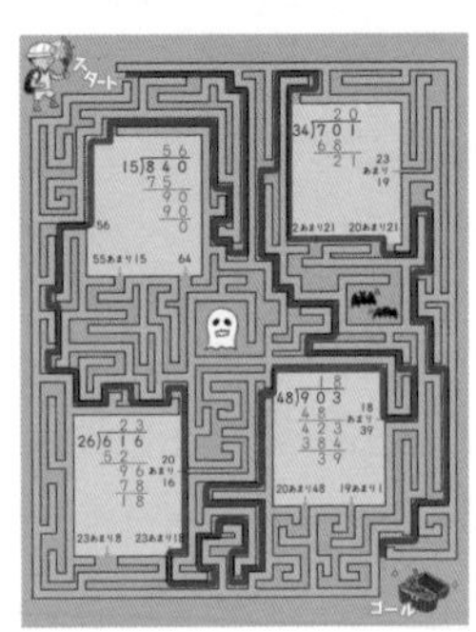

35 計算の順じょ① 73~74ページ

1 ① 700，100 ② 500，400
③ 850，150 ④ 5，120
⑤ 160，10 ⑥ 8，10
⑦ 60，5 ⑧ 150，320

2 ① 200 ② 324 ③ 10
④ 7 ⑤ 97

3 ① 16 ② 12
③ 16 ④4

アドバイス （ ）の中をひとまとまりとみて，先に計算します。

2④ (56+140)÷28
=196÷28=7
（56+140を先に計算する。）

⑤ 560÷(26+54)+90
=560÷80+90
=7+90=97
（26+54を先に計算する。）

3② 16−(2+2)=16−4=12
④ 16÷(2×2)=16÷4=4

36 計算の順じょ② 75~76ページ

1 ① 70，76 ② 7，393
③ 100，400 ④ 45，95
⑤ 84，114 ⑥ 80，170
⑦ 48，3，45
⑧ 20，100，120

2 ① 90 ② 45
③ 130 ④ 334
⑤ 180

3 ① 70 ② 56
③ 22 ④ 8

アドバイス 計算のじゅんじょは，
- ふつうは，左から順に計算する。
- （ ）のある式は，（ ）の中を先に計算する。
- かけ算やわり算は，たし算やひき算より先に計算する。

2① 60+15×2
=60+30
=90
（かけ算を先に計算する。）

④ 350−80÷5
=350−16
=334
（わり算を先に計算する。）

3① 8×9−6÷3
=72−2=70

② 8×(9−6÷3)
=8×(9−2)
=8×7=56

③ (8×9−6)÷3
=(72−6)÷3
=66÷3=22

④ 8×(9−6)÷3
=8×3÷3
=24÷3=8

37 計算のきまり① 77~78ページ

1 ① 15，15，1500，60，1560
② 100，100，700，686
③ 7，3，10，280
④ 36，9，2，9，18

2 ① 4590 ② 2369 ③ 1386
④ 15090 ⑤ 686 ⑥ 891
⑦ 120 ⑧ 16

アドバイス 次の計算のきまりを使って，くふうして計算しましょう。

- (■+●)×▲=■×▲+●×▲
- (■−●)×▲=■×▲−●×▲

2① 102×45
102を100+2とみる。
=(100+2)×45
=100×45+2×45
=4500+90
=4590

⑥ 99×9
99を100−1とみる。
=(100−1)×9
=100×9−1×9
=900−9
=891

⑦ 13×4+17×4　■×▲+●×▲
=(13+17)×4　=(■+●)×▲
=30×4
=120

⑧ 51×8−49×8　■×▲−●×▲
=(51−49)×8　=(■−●)×▲
=2×8
=16

38 計算のきまり② 79~80ページ

1 ① 100，127
② 14，59，100，159
③ 100，3800
④ 7，7，7，700

2 ① 48 ② 149 ③ 168
④ 137 ⑤ 239 ⑥ 278

3 ① 1700 ② 34000
③ 600 ④ 900

アドバイス **2**は，たし算のきまり

- ■+●=●+■
- (■+●)+▲=■+(●+▲)

3は，かけ算のきまり

- ■×●=●×■
- (■×●)×▲=■×(●×▲)

を使って，くふうして計算しましょう。

2① 28+14+6
=28+(14+6)　14+6を先に計算する。
=28+20
=48

② 37+99+13
=37+13+99　99と13を入れかえる。
=50+99　37+13を計算する。
=149

⑤ 139+83+17
=139+(83+17)
=139+100=239

⑥ 57+178+43
=57+43+178
=100+178=278

3② 34×125×8=34×(125×8)
=34×1000=34000

39 計算の順じょときまりの練習 81~82ページ

1 ① 170 ② 85
③ 6 ④ 52

2 ① 118 ② 4700
③ 1164 ④ 370

3 ① 177 ② 94
③ 4900 ④ 15015

4 ① 25200
② 298
③ 2400
④ 5994

アドバイス **3**の②は，小数のときも計算のくふうができます。

3② $84+3.7+6.3$
$=84+(3.7+6.3)$
$=84+10=94$

4は，計算のきまりを使って，計算がかんたんになるようにしましょう。

4② $148+98+52$
$=148+52+98$
$=200+98=298$

③ 50×48
48を50−2とみる。
$=50\times(50-2)$
$=50\times50-50\times2$
$=2500-100=2400$

④ 999×6
$=(1000-1)\times6$
$=1000\times6-1\times6$
$=6000-6=5994$

40 まとめテスト 83~84ページ

1 ① 28あまり2 ② 10あまり6
③ 147 ④ 67あまり3
⑤ 208あまり3 ⑥ 2607あまり2

2 ① 6あまり7 ② 3あまり9
③ 37 ④ 8あまり40
⑤ 21あまり17 ⑥ 50あまり13

3 ① 4あまり28 ② 308あまり24
③ 74あまり27 ④ 32あまり22

4 ① 480 ② 12
③ 156 ④ 20

5 ① 159 ② 1700
③ 2323 ④ 45

アドバイス **3**は，まず商が何の位からたつかを考えましょう。

3②
```
    308
27)8340
   81
    240
    216
     24
```
商の十の位には0がたつので，ここの計算は書かなくてよい。

4③ $36\times5-96\div4=180-24$
$=156$
（かけ算を計算）（わり算を計算）

④ $120\div(60-18\times3)$
$=120\div(60-54)$ ← (　)の中のかけ算
$=120\div6$ ← (　)の中のひき算
$=20$

5② $4\times17\times25$
$=4\times25\times17$ ← ■×●＝●×■
$=100\times17$ ← 4×25を計算する。
$=1700$

④ $72\times9-67\times9$
$=(72-67)\times9$ ← ■×▲−●×▲＝(■−●)×▲
$=5\times9=45$